"十三五"高等职业教育规划教材

计算机基础教程

段昌盛　高寿斌　主编

谭再峰　徐　晓　蔡荣华　副主编

U0310574

中国铁道出版社有限公司

CHINA RAILWAY PUBLISHING HOUSE CO., LTD.

内 容 简 介

本书根据现代社会对计算机操作技能的需求和职业院校计算机教学的特点而编写,同时也满足全国计算机等级考试的大纲要求。本书共 7 章,主要内容包括计算机基础知识、Windows 7 操作系统基础、计算机网络基础、Word 2010 文字处理软件、Excel 2010 电子表格处理软件、PowerPoint 2010 演示文稿制作软件和常用工具软件。每章以技能任务为核心进行设计,涵盖了日常生活中计算机应用的基本技能。

本书适合作为高等职业院校和中等职业学校进行计算机基础教学,也可作为办公室工作人员的计算机操作参考用书。

图书在版编目(CIP)数据

计算机基础教程/段昌盛,高寿斌主编. —北京:
中国铁道出版社,2016.8(2019.8重印)
"十三五"高等职业教育规划教材
ISBN 978-7-113-22198-0

Ⅰ. ①计… Ⅱ. ①段… ②高… Ⅲ. ①电子计算
机-高等职业教育-教材 Ⅳ. ①TP3

中国版本图书馆 CIP 数据核字(2016)第 191127 号

书　　名:计算机基础教程
作　　者:段昌盛　高寿斌　主编

策　　划:徐海英　　　　　　　　　读者热线:(010)63550836
责任编辑:翟玉峰　冯彩茹
封面设计:白　雪
责任校对:汤淑梅
责任印制:郭向伟

出版发行:中国铁道出版社有限公司(100054,北京市西城区右安门西街 8 号)
网　　址:http://www.tdpress.com/51eds/
印　　刷:北京铭成印刷有限公司
版　　次:2016 年 8 月第 1 版　　　　2019 年 8 月第 5 次印刷
开　　本:787 mm×1 092 mm　1/16　印张:15.25　字数:380 千
印　　数:7 501~8 600 册
书　　号:ISBN 978-7-113-22198-0
定　　价:39.80 元

前　言

本书是进行高、中职计算机基础教育改革的成果之一，注重学习者在学习过程中实用技能的掌握，而对有关计算机的文化知识只要求常识性的了解。在教改的研究与实施过程中，编者将社会对高职生在计算机操作方面的技能要求归纳为如下 6 个方面：

（1）能对计算机系统进行简单的维护，特别是系统安全和稳定性维护。

（2）能够快速准确地录入字符，且对不同性质的岗位有不同的要求。

（3）能够应用办公软件（如 MS Office、WPS Office）进行文字处理、数据处理，同时能运用现代办公设备（如打印机、投影仪、网络办公系统）进行相关操作。

（4）能够运用计算机和网络搜集、鉴别、整理、传输、发布信息。

（5）能够运用不同类型的应用软件处理文字、图片、视频、音频、动画等素材，并且能够将这些素材灵活运用到不同的文档中。

（6）具有自主学习软件用法的能力。

根据上述技能要求，教材编写完整体现了 3 个思想：

（1）对于非计算机专业的学生而言，计算机只是办公娱乐、信息处理、学习和生活的工具，计算机深奥的工作原理、复杂的发展历程并不是本书所关心的内容。

（2）计算机操作是用会的，不是学会的。在实际教学过程中，教师们深有体会，为了让学习者掌握一项技能而传授该技能，学习者的接受态度是不积极的。但是，如果是因为工作需要，因为要用计算机软件制作一个项目，但在操作过程中有某些技能是自己没有掌握的，计算机使用者是会主动想办法去解决的，从而在计算机的使用过程中不知不觉地掌握该项技能。

（3）计算机技术的掌握远没有计算机的使用习惯和意识重要。因为计算机的操作大多是在实际运用中掌握的，并且计算机软件的人机交互性能越来越好，易操作性越来越强，因此，掌握计算机操作技术是容易而轻松的过程。但在使用过程中，如果没有良好的使用习惯，则会产生一些不良的后果，如在使用计算机过程中不注意信息安全问题就可能发生重要文件丢失、保密信息泄露等严重事件；在网络中遨游时不注意时间上的节制，则可能患上"网瘾"；使用计算机不注意操作姿势和环保的问题，则会带来健康损害和环境污染等不良后果。因此，本书中特别强调了使用计算机过程中的一些习惯和意识。

本书由段昌盛、高寿斌任主编，谭再峰、徐晓、蔡荣华任副主编。具体分工如下：段昌盛统筹策划并组织编写，高寿斌负责全书统稿并撰写了部分章节；谭再峰、徐晓、蔡荣华负责教学案例审定并编写了部分章节；李鹏英、谢作玲、黄思权、田月华、候立穷、沈国钧、姚一红、徐官学、黄清、龙长勇、邓小梅、刘瑛、许建伟、张明科、杨平华等参与了部分章节的编写。本书还有配套的《计算机基础实训指导与习题集》（文小华、蒋昌维主编，中国铁道出版社）。

本书也是恩施职业技术学院与恩施市高级职业中学、巴东县高级职业中学、鹤峰县高级职业中学联合办学的成果之一。在本书的策划、组织及编写过程中，四校领导及相关部门给予了大力支持。恩施职业技术学院副院长张捷、教务处处长吴云对教材的策划亲自审定并给予大力支持，在此表示真挚的谢意！

    本书从策划到出书的时间非常仓促，虽然有广大一线教师的宝贵教学经验和教学素材，但书中仍难免存在疏漏和不足之处，敬请读者批评指正。

编　者

2016 年 7 月

目　　录

第1章 | 计算机基础知识

【知识目标】

- 了解计算机的发展、类型及其应用领域。
- 了解计算机中数据的表示、存储与处理。
- 了解多媒体技术的概念与应用。
- 了解计算机病毒的概念、特征、分类与防治。
- 了解计算机网络的概念、组成和分类；计算机与网络信息安全的概念和防控。
- 了解因特网网络服务的概念、原理和应用。

【技能目标】

- 掌握数制转换的方法。

计算机的发明是人类对自动计算不懈努力追求的结果，它是一种可以接收输入信息、处理数据、存储数据和产生输出结果的高度自动化电子设备。计算机已经成为人们工作、学习、生活、娱乐的重要工具，计算机应用能力也是现代人才应具备最基本的素质之一。

本章将简要介绍计算机的产生和发展、特点和分类，以及计算机的应用领域和数据表示等内容。

1.1 计算机知识概述

计算的概念和人类文明历史是同步的。从人类活动有记载以来，对自动计算的追求就没有停止过。这里，我们简要地回顾一下计算机的历史进程，以了解计算机的发展历程。

1.1.1 计算机的发展

世界上第一台电子计算机于 1946 年 2 月在美国宾夕法尼亚大学诞生，全称为"电子数字积分计算机"（Electronic Numerical Integrator and Computer, ENIAC），如图 1-1 所示。ENIAC 用了 18 000 多个电子管、1 500 个继电器，功率为 150 kW，质量超过 30 t，占地约 170 m²，加法运算速度为 5 000 次/s，专门用于火炮和弹道计算。

ENIAC 是第一台正式投入运行的电子计算机，但它还不具备现代计算机"存储程序"的主要特征。ENIAC

图 1-1 ENIAC

每次计算时，都要先按计算步骤写出一条条指令，然后逐条按指令的要求接通或断开分布在外部线路中的接线开关，使用非常不便。1946 年 6 月，美籍匈牙利科学家冯·诺依曼教授（John von Neumann）提出了全新的"存储程序"的通用计算机设计方案。存储程序的设计思想是：将计算机要执行的指令和要处理的数据都采用二进制表示，将要执行的指令和要处理的数据按照顺序编写出程序，存储到计算机内部并让它自动执行。根据这一思想设计的 EDVAC（Electronic Discrete Variable Automatic Computer，电子离散变量计算机）解决了程序的"内部存储"和"自动运行"两大难题，从而大大提高了计算机的运算速度。1952 年，EDVAC 正式投入运行，它使用水银延迟线作为存储器，运算速度也比 ENIAC 有较大提高。EDVAC 确立了构成计算机的基本组成部分：处理器（运算器、控制器）、存储器、输入设备和输出设备。从 EDVAC 问世直到今天，计算机的基本体系结构采用的都是冯·诺依曼所提出的"存储程序"设计思想，因此称为冯·诺依曼体系结构，冯·诺依曼也被称为"电子计算机之父"。

自 ENIAC 问世以来，计算机技术得到了飞速发展。根据计算机的性能和使用的主要元件的不同，一般将计算机的发展划分为以下 5 个阶段：

第一代计算机（1946—1958），采用的主要元件是电子管，主要用于科学计算。

第二代计算机（1959—1964），采用的主要元件是晶体管，具有体积小、重量轻、发热量小、速度快、寿命长等优点。除用于科学计算外，还用于数据处理和实时控制等领域。

第三代计算机（1965—1970），开始采用中小规模的集成电路元件，应用范围扩大到企业管理和辅助设计等领域。

第四代计算机（1971 年至今），采用大规模集成电路和超大规模集成电路作为基本电子元件，应用范围主要在办公自动化、数据库管理、图像动画（视频）处理、语音识别、国民经济各领域生产应用和国防系统等领域。

前四代计算机本质的区别在于基本元件的改变，即从电子管、晶体管、集成电路到超大规模集成电路。第五代计算机除了基本元件创新外，更注重人工智能技术的应用，是具有"人类思维"能力的智能机器。

计算机未来的发展趋势是巨型化、微型化、网络化、多媒体化和智能化。未来计算机的研究目标是打破计算机现有的体系结构，使得计算机能够具有像人那样的思维、推理和判断能力。尽管传统的、基于集成电路的计算机短时间内不会退出历史舞台，但旨在超越它的光子计算机、DNA 计算机、超导计算机、纳米计算机和量子计算机正在跃跃欲试。

1. 光子计算机

光子（Photon）计算机利用光子取代电子进行数据运算、传输和存储。在光子计算机中，不同波长的光表示不同的数据，可快速完成复杂的计算工作。与电子计算机相比，光子计算机具有以下优点：超高速的运算速度、强大的并行处理能力、大存储量、非常强的抗干扰能力等。据推测，未来光子计算机的运算速度可能比今天的超级计算机快 1 000 倍以上。

2. 生物计算机

生物（DNA）计算机使用生物芯片。生物芯片是用生物工程技术产生的蛋白质分子制成，存储能力巨大，生物计算机芯片本身还具有并行处理的功能，其运算速度要比当前的巨型计算机还要快 10 万倍，能量消耗则为其的 10 亿分之一。由于蛋白质分子具有自组织、自调节、自修复和再生能力，使得生物计算机具有生物体的一些特点，如自动修复芯片发生的故障，还能模仿人脑的思考机制。

3. 超导计算机

超导（Superconductor）计算机由特殊性能的超导开关器件、超导存储器等元器件和电路制成的计算机。1911 年，荷兰物理学家昂内斯首先发现了超导现象——某些铝系、铌系、陶瓷合金等材料，当它们冷却到接近-273.15 ℃时，会失去电阻值而成为导体。目前制成的超导开关器件的开关速度比集成电路要快几百倍，电能消耗仅是大规模集成电路的千分之一。

4. 纳米计算机

纳米（Nanometer）计算机指将纳米技术运用于计算机领域所研制出的一种新型计算机。纳米技术是从 20 世纪 80 年代初发展起来的新的科研领域，最终目标是人类按照自己的意志直接操纵单个原子，制造出具有特定功能的产品。纳米（nm）本是一个计量单位，1 nm=10^{-9} m，大约是氢原子直径的 10 倍。应用纳米技术研制的计算机内存芯片，其体积不过数百个原子大小，相当于人的头发丝直径的千分之一。纳米计算机不仅几乎不需要耗费任何能源，而且其性能要比今天的计算机强大，运算速度将是现在的硅芯片计算机的 1.5 万倍。

5. 量子计算机

量子（Quantum）计算机以处于量子状态的原子作为中央处理器和内存，利用原子的量子特性进行信息处理。由于原子具有在同一时间处于两个不同位置的奇妙特性，即处于量子位的原子既可以代表 0 或 1，也能同时代表 0 和 1 以及 0 和 1 之间的中间值，故无论从数据存储还是处理的角度，量子位的能力都是晶体管电子位的两倍。目前，量子计算机只能利用大约 5 个原子做最简单的计算。要想做任何有意义的工作都必须使用数百万个原子。但其高效的运算能力使量子计算机具有广阔的应用前景。

未来的计算机技术将向超高速、超小型、智能化的方向发展。超高速计算机将采用平行处理技术，使计算机系统同时执行多条指令或同时对多个数据进行处理，这是改进计算机结构、提高计算机运行速度的关键技术。同时计算机还将具备更多的智能成分，将具有多种感知能力、一定的思考与判断能力及一定的自然语言能力。除了提供自然的输入手段（如按键输入、手写输入、语音输入）外，还出现了能让人产生身临其境感觉的各种交互设备，虚拟现实技术就是这一领域发展的集中表现。

1.1.2　计算机的分类和特点

1. 计算机的分类

计算机种类很多，从不同角度对计算机的分类可以用图 1-2 表示。

通常将电子计算机按不同的信息表示方式分为两大类，即模拟电子计算机和数字电子计算机。早期的计算机一般都是模拟电子计算机，这类计算机内部所使用的电信号模拟自然界的实际信号，因此被称为模拟电信号。数字电子计算机在其后被研制出来，数字计算机通过电信号的有无来表示数，并利用算术和逻辑运算法则进行计算。它具有运算速度快、精度高、灵活性大、便于存储等优点，因此适用于科学计算、信息处理、实时控制和人工智能等应用领域。我们通常所用的计算机，一般指的都是数字电子计算机。

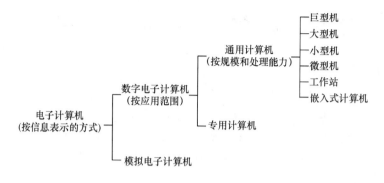

图 1-2　计算机的分类

在数字电子计算机中，按照计算机的用途将其划分为专用计算机和通用计算机。

专用计算机是为解决一个或一类特定问题而设计的计算机。它的硬件和软件的配置依据解决特定问题的需要而定，并不求全。专用计算机功能单一，配有解决特定问题的固定程序，能高速、可靠地解决某些特定问题。通用计算机具有功能多、配置全、用途广、通用性强等特点，我们通常所说的计算机就指通用计算机。

在通用计算机中，人们又按照计算机的运算速度、字长、存储容量、软件配置等多方面的综合性能指标将计算机分为巨型机、大型机、小型机、微型机、工作站和嵌入式计算机等几类。

（1）巨型机

巨型机是指运算速度在每秒亿次以上的计算机。巨型机具有数据存储容量大、规模大、结构复杂、价格昂贵等特点，主要用于大型科学计算，是衡量一个国家科学实力的重要标志之一。我国研制的"银河"计算机就属于巨型机，巨型机运算速度已达到每秒千万亿次以上。

（2）大型机

大型机的特点是通用性强、具有很强的综合处理能力、性能覆盖面广等，主要应用在公司、银行、政府部门、社会管理机构和制造厂家等领域，因此，通常人们称大型机为"企业级"计算机。大型机研制周期长，设计技术与制造技术非常复杂，耗资巨大，需要相当数量的设计师协同工作。

（3）小型机

小型机规模小、结构简单，运算速度每秒几百万次左右。这类机器可靠性高，对运行环境要求低、易于操作、便于维护，广泛应用于一般的科研与设计机构以及普通高校。

（4）微型机

微型机从出现至今，因其小、巧、轻、使用方便、价格便宜等优点，应用范围急剧扩展，从太空中的航天器到家庭生活，从工厂的自动控制到办公自动化以及商业、服务业、农业等，涉及社会各个领域。PC 的出现使得计算机真正面向每个人，真正成为大众化的信息处理工具。而 PC 联网之后，用户又可以通过 PC 使用网络上的丰富资源。

（5）工作站

工作站也是一种微型机系统，具有多任务、多用户能力、操作便利和良好的人机界面等特点，可以连接多种输入/输出设备。它的应用领域已从最初的计算机辅助设计扩展到商业、金融、办公领域，并常担任网络服务器的角色。

（6）嵌入式计算机

嵌入式计算机是把处理器和存储器以及接口电路直接嵌入设备中并执行专用功能的计算机，其运行的是固化的软件，即固件（Firmware），终端用户很难修改固件。嵌入式计算机系统是对功能、可靠性、成本、体积、功耗等有严格要求的专用计算机系统，其在应用数量上远远超过了通用计算机，在家电、制造业、过程控制、通信、仪器、仪表、汽车、船舶、航空、航天、军事装备、消费类产品等领域都有极其广泛的应用。

2. 计算机的特点

各种类型的计算机虽然在处理对象、规模、性能和用途等方面有所不同，但它们都具有以下几个主要特点：

（1）高速、精确的运算能力

目前世界上已经有超过每秒千万亿次运算速度的巨型计算机，截至 2012 年 11 月，全球超级计算机排行榜 TOP500 中的前三甲均已具备每秒亿次运算的计算能力。高速计算机具有极强的处理能力，特别是能在地质、能源、气象、航天航空以及各种大型工程中发挥作用。

（2）逻辑处理能力

计算机能够进行逻辑处理，也就是说它能够进行"思考"和"判断"，这是计算机科学一直为之努力实现的，虽然它现在的"思考"还局限在某一个专门的方面，还不具备人类思考的能力，但在信息查询等方面，它能够根据要求进行匹配检索，这已是计算机的一个常规应用。

（3）强大的存储能力

计算机能存储大量数字、文字、图像、声音等各种信息，"记忆力"大得惊人，它可以轻易地"记住"一个大型图书馆的所有资料。计算机强大的存储能力不但表现在容量大，还表现在"长久"，对于需要长期保存的数据或资料，无论以文字形式还是以图像的形式，计算机都可以帮助实现。

（4）具有自动控制能力

高度自动化是电子计算机与其他计算工具的本质区别，计算机可以将预先编好的一组指令（称为程序）先"记"起来，然后自动地逐条取出这些指令并执行，工作过程完全自动化，不需要人的干预，而且可以反复运行。

（5）具有网络与通信能力

计算机技术发展到今天，已可将几十台、几百台，甚至更多的计算机连成一个网络，可将一个个城市、一个个国家的计算机连在一个计算机网上。目前最大、应用范围最广的因特网（Internet），连接了全世界 150 多个国家和地区数亿台的各种计算机。在网上的所有计算机用户可共享网上资料、交流信息、互相学习，方便得如用电话一般，整个世界都可以互通信息。网络功能的重要意义是改变了人类交流的方式和信息获取的途径。

1.1.3　计算机的应用领域

计算机发展至今已经和几乎所有学科结合，但我们可以把计算机的用途归纳为科学计算、数据处理、实时控制、人工智能、计算机辅助、娱乐游戏等方面，本书中将用更多的章节围绕这些应用主题展开讨论。

（1）科学计算

科学计算主要是使用计算机进行数学方法的实现和应用。今天计算机的"计算"能力已很强大，计算机的使用，推进了许多科学研究的进展。现在，科学家们经常使用计算机测算人造卫星的轨道、进行气象预报等，如国家气象中心使用了计算机，不但能够快速、及时地对气象卫星云图数据进行处理，而且可以根据大量的历史气象数据的计算进行天气预测报告。在未使用计算机之前，这是根本不可能实现的。

（2）数据处理

数据处理的另一个说法是"信息处理"。但随着计算机科学技术的发展，计算机的"数据"不再是"数"，而是使用了更多的其他数据形式，如文字、图像、声音等。数据处理就是对这些数据进行输入、分类、加工、存储、合并、整理以及统计、报表、检索查询等。数据处理是目前计算机应用最多的一个领域。如计算机在文字处理方面已经改变了纸和笔的传统应用，它所产生的数据不但可以被存储、打印，也可以使用计算机进行编辑、复制等。在信息处理方面一个最重要的技术是计算机数据库技术，它在信息管理、决策支持等方面提高了管理和决策的科学性。

（3）实时系统

实时系统是指能够及时收集、检测数据，进行快速处理并自动控制被处理的对象操作的计算机系统。这个系统的核心是计算机控制整个处理过程，包括从数据输入到输出控制的整个过程。现代工业生产的过程控制基本上都以计算机控制为主，传统过程控制的一些方法如比例控制、微分控制、积分控制等都可以通过计算机的运算实现。计算机实时控制不但是一个控制手段的改变，更重要的是它的适应性大大提高，它可以通过参数设定、改变处理流程实现不同过程的控制，有助于提高生产质量和生产效率。

（4）计算机辅助工程

计算机辅助工程是计算机应用的一个非常广泛的领域。几乎所有过去由人进行的具有设计性质的过程都可以通过计算机帮助实现部分或全部工作。主要包括：计算机辅助设计（Computer Aided Design，CAD）、计算机辅助制造（Computer Aided Manufacturing，CAM）、计算机辅助教育（Computer Assisted Instruction，CAI）、计算机辅助教学（Computer Aided Teaching，CAT）、计算机辅助技术（Computer Aided Technology /Test，Translation，Typesetting，CAT）和计算机仿真模拟（Simulation）等许多方面。

（5）网络和通信

将一个建筑物内的计算机和世界各地的计算机通过电话交换网等方式连接起来，就可以构成一个巨大的计算机网络系统，做到资源共享，相互交流促进。计算机网络的应用所涉及的主要技术是网络互联技术、路由技术、数据通信技术以及信息浏览技术及网络安全等。

计算机通信几乎是现代通信的代名词。如移动通信就是基于计算机技术的通信方式。

（6）人工智能

计算机可以模拟人类的某些智力活动。利用计算机可以进行图像和物体的识别，模拟人类的学习过程和探索过程，如机器翻译、智能机器人等，都是利用计算机模拟人类智力活动。人工智能是计算机科学发展以来一直处于前沿的研究领域，它的主要研究内容包括自然语言理解、专家系统、机器人以及定理自动证明等。

（7）数字娱乐

运用计算机和网络进行娱乐活动，对许多计算机用户来说是很平常的事情。网络上有各种丰富的电影、电视资源，也有通过网络和计算机进行的游戏，甚至还有国际性的网络游戏组织和赛事。数字娱乐的另一个重要方向是计算机和电视的结合，"数字电视"开始走入家庭，改变了传统电视的单向播放而进入交互模式。

（8）嵌入式系统

并不是所有计算机都是通用的。有许多特殊的计算机用于不同的设备中，包括大量的消费电子产品和工业制造系统，把处理器芯片嵌入其中，完成处理任务。如数码照相机、数码摄像机以及高档电动玩具等都使用了不同功能的处理器。

1.2　数制与信息编码

1.2.1　计算机中数据的表示

1. 数制的概念

数制（Number System）又称计数法，是人们用一组统一规定的符号和规则来表示数的方法。计数法通常使用的是进位计数制，即按进位的规则进行计数。在进位计数制中有"基数"和"位权"两个基本概念。

基数（Radix）是进位计数制中所用的数字符号的个数。例如，十进制的基数为 10，逢十进一；二进制的基数为 2，逢二进一。

位权是在进位计数制中，把基数的若干次幂称为位权，幂随该位数字所在的位置而变化，整数部分从最低位开始依次为 0，1，2，3，4，…；小数部分从最高位开始依次为-1，-2，-3，-4，…。

例如，十进制数 1234.567 可以写成：

$$1234.567 = 1 \times 10^3 + 2 \times 10^2 + 3 \times 10^1 + 4 \times 10^0 + 5 \times 10^{-1} + 6 \times 10^{-2} + 7 \times 10^{-3}$$

在计算机内部，信息都是采用二进制的形式进行存储、运算、处理和传输的。采用二进制编码在当初计算机设计时便有可行性、可靠性、简易性、逻辑性的好处。二进制的运算法则非常简单，例如：

求和法则	求积法则
0 + 0 = 0	0 × 0 = 0
0 + 1 = 1	0 × 1 = 0
1 + 0 = 1	1 × 0 = 0
1 + 1 = 10	1 × 1 = 1

2. 几种常用的数制

日常生活中人们习惯使用十进制，有时也使用其他进制。例如，计算时间采用六十进制，1小时为 60 分钟，1 分钟为 60 秒；在计算机科学中也经常涉及二进制、八进制、十进制和十六进制等；但在计算机内部，不管什么类型的数据都使用二进制编码的形式来表示。下面介绍几种常用的数制：二进制、八进制、十进制和十六进制。

（1）常用数制的特点

表 1-1 列出了几种常用数制的特点。

表 1-1　常用数制的特点

数　制	基　数	数　码	进位规则
十进制	10	0，1，2，3，4，5，6，7，8，9	逢十进一
二进制	2	0，1	逢二进一
八进制	8	0，1，2，3，4，5，6，7	逢八进一
十六进制	16	0，1，2，3，4，5，6，7，8，9，A，B，C，D，E，F	逢十六进一

（2）常用数制的对应关系

常用数制的对应关系如表 1-2 所示。

表 1-2　常用数制的对应关系

十进制	二进制	八进制	十六进制	十进制	二进制	八进制	十六进制
0	0000	0	0	8	1000	10	8
1	0001	1	1	9	1001	11	9
2	0010	2	2	10	1010	12	A
3	0011	3	3	11	1011	13	B
4	0100	4	4	12	1100	14	C
5	0101	5	5	13	1101	15	D
6	0110	6	6	14	1110	16	E
7	0111	7	7	15	1111	17	F

（3）常用数制的书写规则

为了区分不同数制的数，常采用以下两种方法进行标识。

① 字母后缀：

二进制数用 B（Binary）表示。

八进制数用 O（Octonary）表示。为了避免与数字 0 混淆，字母 O 常用 Q 代替。

十进制数用 D（Decimal）表示。十进制数的后缀 D 一般可以省略。

十六进制数用 H（Hexadecimal）表示。

例如，10011B、237Q、8079D 和 45ABFH 分别表示二进制、八进制、十进制和十六进制。

② 括号外面加下标。例如，$(10011)_2$、$(237)_8$、$(8079)_{10}$ 和 $(45ABF)_{16}$ 分别表示二进制数 10011、八进制数 237、十进制数 8079 和十六进制数 45ABF。

3. 常用数制间的转换

（1）将 r 进制转换为十进制

将 r 进制（如二进制、八进制和十六进制等）按位权展开并求和，便可得到等值的十进制数。

例：将 $(10010.011)_2$ 转换为十进制数。

$$(10010.011)_2 = 1 \times 2^4 + 0 \times 2^3 + 0 \times 2^2 + 1 \times 2^1 + 0 \times 2^0 + 0 \times 2^{-1} + 1 \times 2^{-2} + 1 \times 2^{-3}$$
$$= (18.375)_{10}$$

例：将 $(22.3)_8$ 转换为十进制。

$$(22.3)_8 = 2 \times 8^1 + 2 \times 8^0 + 3 \times 8^{-1}$$
$$= (18.375)_{10}$$

例：将$(32CF.4B)_{16}$转换为十进制。

$$(32CF.4B)_{16} = 3 \times 16^3 + 2 \times 16^2 + C \times 16^1 + F \times 16^0 + 4 \times 16^{-1} + B \times 16^{-2}$$
$$= 3 \times 16^3 + 2 \times 16^2 + 12 \times 16^1 + 15 \times 16^0 + 4 \times 16^{-1} + 11 \times 16^{-2}$$
$$= (13007.292969)_{10}$$

（2）将十进制转换为 r 进制

将十进制转换为 r 进制（如二进制、八进制和十六进制等）的方法如下：

整数的转换采用"除以 r 取余"法，将待转换的十进制数连续除以 r，直到商为 0，每次得到的余数按相反的次序（即第一次除以 r 所得到的余数排在最低位，最后一次除以 r 所得到的余数排在最高位）排列起来就是相应的 r 进制数。

小数的转换采用"乘以 r 取整"法，将被转换的十进制纯小数反复乘以 r，每次相乘乘积的整数部分若为 1，则 r 进制数的相应位为 1；若整数部分为 0，则相应位为 0，由高位向低位逐次进行，直到剩下的纯小数部分为 0 或达到所要求的精度为止。

对具有整数和小数两部分的十进制数，要用上述方法将其整数部分和小数部分分别进行转换，然后用小数点连接起来。

例：将$(18.38)_{10}$转换为二进制。

先将整数部分"除以 2 取余"。

除以 2	商	余数	低位
$18 \div 2$	9	0	↑
$9 \div 2$	4	1	
$4 \div 2$	2	0	
$2 \div 2$	1	0	
$1 \div 2$	0	1	高位

因此，$(18)_{10} = (10010)_2$。

再将小数部分"乘以 2 取整"。

乘以 2	整数部分	纯小数部分	高位
0.38×2	0	0.76	↓
0.76×2	1	0.52	
0.52×2	1	0.04	
0.04×2	0	0.08	
0.08×2	0	0.16	低位

因此，$(0.38)_{10} = (0.01100)_2$。

最后得出转换结果：$(18.38)_{10} = (10010.01100)_2$。

（3）八进制、十六进制与二进制之间的转换

由于 $8 = 2^3$，$16 = 2^4$，所以 1 位八进制数相当于 3 位二进制数，1 位十六进制数相当于 4 位二进制数。

① 二进制数转换为八进制数或十六进制数。

把二进制数转换为八进制数或十六进制数的方法是：以小数点为界向左和向右划分，小数点左边（整数部分）从右向左每 3 位（八进制）或每 4 位（十六进制）一组构成 1 位八进制或十六进制数，位数不足 3 位或 4 位时最左边补 0；小数点右边（小数部分）从左向右每 3 位（八进制）或每 4 位（十六进制）一组构成 1 位八进制或十六进制数，位数不足 3 位或 4 位时最右边补 0。

例：将$(10010.0111)_2$转换为八进制。

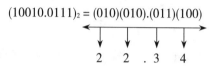

因此，$(10010.0111)_2 = (22.34)_8$。

例：将$(10010.0111)_2$转换为十六进制。

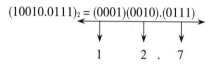

因此，$(10010.0111)_2 = (12.7)_{16}$。

② 八进制数或十六进制数转换为二进制数。

把八进制数或十六进制数转换为二进制数的方法是：把 1 位八进制数用 3 位二进制数表示，把 1 位十六进制数用 4 位二进制数表示。

例：将$(22.34)_8$转换为二进制。

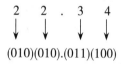

因此，$(22.34)_8 = (10010.0111)_2$。

例：将$(12.7)_{16}$转换为二进制。

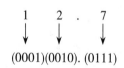

因此，$(12.7)_{16} = (10010.0111)_2$。

以上介绍了常用数制间的转换方法。其实，使用 Windows 操作系统提供的"计算器"可以很方便地解决整数的数制转换问题。方法是：

① 选择"开始"→"所有程序"→"附件"→"计算器"命令，启动计算器。

② 选择计算器"查看"→"科学型"命令。

③ 单击原来的数制。

④ 输入要转换的数字。

⑤ 单击要转换成的某种数制，得到转换结果。

1.2.2 计算机中信息的编码

计算机是用来处理数据的，任何形式的数据（数字、字符、汉字、图像、声音、视频）进入计算机都必须转换为 0 和 1（二进制），即进行信息编码。在转换成二进制编码前，进入计算机的数据是以不同的信息编码形式存在的，常见的有以下几种信息编码：

1．西文字符编码

在计算机中使用的字符主要有英文字母、各种标点符号、运算符号等，这些所有的字符也都以二进制的形式表示。但是用二进制表示字符信息时，字符与二进制的计算毫无关系，计算机仅仅用一个二进制表示一个字符，字符不同则对应的二进制数也不同。使用哪个二进制数代表哪个字符，完全是人为规定的，对所有符号的规定就构成了字符编码。

把所有字符和它们一一对应的二进制数写在一个表格中，就是字符编码表。

计算机中使用最普遍的编码是美国国家标准信息交换码，又称 ASCII 码（American National Standard Code for Information Interchange）。ASCII 码是用 7 位二进制数进制编码的，从二进制数的 0000000 到 1111111（相当于十进制数的 0 到 127）共 128 个数，即能够表示 128 个字符，这些字符包括 26 个大写和 26 小写的英文字母、0～9 这 10 个阿拉伯数字、32 个专用符号和 34 个控制字符。具体每个字符对应的二进制数如表 1-3 所示。

表 1-3　ASCII 码 表

$b_6\,b_5\,b_4$ \ $b_3\,b_2\,b_1\,b_0$	000	001	010	011	100	101	110	111
0000	NUL	DLE	（Space）	0	@	P	`	p
0001	SOH	DC1	!	1	A	Q	a	q
0010	STX	DC2	"	2	B	R	b	r
0011	ETX	DC3	#	3	C	S	c	s
0100	EOT	DC4	$	4	D	T	d	t
0101	ENG	NAK	%	5	E	U	e	u
0110	ACK	SYN	&	6	F	V	f	v
0111	BEL	ETB	'	7	G	W	g	w
1000	BS	CAN	(	8	H	X	h	x
1001	HT	EM	)	9	I	Y	i	y
1010	LF	SUB	*	:	J	Z	j	z
1011	VT	ESC	+	;	K	[	k	{
1100	FF	FS	,	<	L	\	l	|
1101	CR	GS	-	=	M	]	m	}
1110	SO	RS	.	>	N	^	n	~
1111	SI	US	/	?	O	_	o	DEL

例如，大写英文字母 A 的 ASCII 编码是 1000001，小写英文字母 a 的 ASCII 编码是 1100001，数字 0 的 ASCII 编码是 110001。需要注意的是，在 ASCII 码表中字符的顺序是按 ASCII 码值从小到大排列的，这样便于记住常用字符的 ASCII 码值。为了便于记忆，也可以记住相应的 ASCII 码十进制值或十六进制值。

作为 ASCII 编码的字符，理论上占 7 个二进制位，但是由于很多计算机是以 8 个二进制位的存储空间作为一个存储单元，所以实际上计算机在存储这些字符时给每个字符分配一个单元，即 8 个二进制位的存储空间，ASCII 编码占 8 位中的后 7 位，并规定最高位统一补数字 0。

在计算机中，每 8 位二进制所需存储空间称为 1 字节（1B）。

2．汉字编码

汉字信息在计算机内部处理时要被转化为二进制代码，这就需要对汉字进行编码。相对于 ASCII 码，汉字编码有许多困难，比如汉字量大，字形复杂，存在大量一音多字和一字多音的现象。

汉字编码技术首先要解决的是汉字输入、输出以及在计算机内部的编码问题，不同的处理过程使用不同的处理技术，有不同的编码形式，汉字编码处理过程如图 1-3 所示。

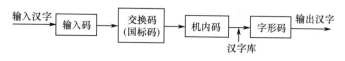

图 1-3　汉字编码处理过程

（1）输入码

汉字输入码又称"外码"，是为了将汉字通过键盘输入计算机而设计的代码，其表现形式多为字母、数字和符号。输入码与输入法有关。不同的输入法得到输入码的方法不同。代表性的输入法有拼音输入法、五笔字型输入法、自然码输入法、智能 ABC 等。

（2）交换码

汉字交换码是汉字信息处理系统之间或通信系统之间传输信息时，对每一个汉字所规定的统一编码。汉字交换码的国家标准是 GB 2312—1980，又称"国标码"。"国标码"收录包括简化汉字 6 763 个和非汉字图形字符 682 个（包括中外文字母、数字和符合），该编码表分为 94 行、94 列。每一行称为一个"区"，每一列称为一个"位"。这样，就组成了 94 个区（01～94），每个区内有 94 个位（01～94）的汉字字符集。每个汉字由它的区码和位码组合形成"区位码"，作为唯一确定一个汉字或汉字符号的代码。例如，汉字"东"的区位码为"2211"（即在 18 区的第 3 位）。

"区位码"划分为 4 组，具体如下：

1～15 区为图形符号区，其中，1～9 区为标准区，10～15 区为自定义符号区。

16～55 区为一级常用汉字区，共有 3 755 个汉字，该区的汉字按拼音排序。

56～87 区为二级非常用汉字区，共有 3 008 个汉字，该区的汉字按部首排序。

89～94 区为用户自定义汉字区。

（3）机内码

汉字的机内码是供计算机系统内部进行存储、加工处理、传输使用的汉字编码，它是国标交换码在机器内部的表示，是在区位码的基础上演变而来的。由于区码和位码的范围都在 01～94 内，如果直接采用它作为机内码，就会与 ASCII 码发生冲突，因此对汉字的机内码进行了变换，变换规则为：

$$高位内码 = 区码+20H+80H$$

$$低位内码 = 位码+20H+80H$$

汉字机内码、国标码和区位码三者之间的关系为：区位码（十进制）的两个字节分别转换为十六进制后加 20H 得到对应的国标码；国标码的两个字节的最高位分别加 1，即汉字交换码（国标码）的两个字节分别加 80H 得到对应的机内码。

例如，将汉字"啊"的区位码（1601）转换成机内码为 B0A1H。

（4）字形码

① 矢量字体。矢量字体（Vector Font）中每一个字形是通过数学曲线来描述的，它包含了字

形边界上的关键点，连线的导数信息等，字体的渲染引擎通过读取这些数学矢量，然后进行一定的数学运算进行渲染。这类字体的优点是字体实际尺寸可以任意缩放而不变形、变色。矢量字体主要包括 Type1、TrueType、OpenType 等几类。

矢量字库保存的是对每一个汉字的描述信息，比如一个笔画的起始、终止坐标，半径、弧度等。在显示、打印这一类字库时，要经过一系列的数学运算才能输出结果，但是这一类字库保存的汉字理论上可以被无限地放大，笔画轮廓仍然能保持圆滑，打印时使用的字库均为此类字库。Windows 使用的字库也为以上两类，在 Windows 操作系统安装分区根目录下的 Fonts 文件中，如果字体扩展名为 FON，表示该文件为点阵字体文件，扩展名为 TTF 则表示矢量字体文件。

② 点阵字体。汉字字形码是汉字字库中存储的汉字字形的数据化信息，目前汉字信息处理系统中产生汉字字形的方式大多数是以点阵的方式形成汉字。输出汉字时，必须将汉字的机内码转换成以点阵形式表示的字形码。通常汉字的点阵有 16×26、24×24、32×32、48×48、64×64、96×96、128×128 等。例如，如果一个汉字是由 16×16 个点阵组成的，则一个汉字占 16 行，每行上有 16 个点，通常每一个点用一个二进制的位来表示，值 "0" 表示暗，值 "1" 表示亮。因此，一个 16×16 的点阵字库，存储每个汉字的字形信息需要 16×16 个二进制位，共 32 字节（32B）。显然点阵密度越大，汉字输出的质量也就越好。图 1-4 所示为汉字 "嘉" 的 16×16 点阵字形。

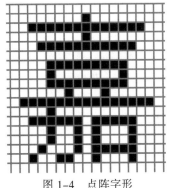

图 1-4　点阵字形

点阵字体的优点是显示速度快，不像矢量字体需要计算；其最大的缺点是不能放大，一旦放大后会使字形失真，文字边缘会出现马赛克式的锯齿形状。

3. Unicode 编码

Unicode 字符集编码（Universal Multiple-Octet Coded Character Set）是通用多八位编码字符集的简称，支持世界上超过 650 种语言的国际字符集。Unicode 允许在同一服务器上混合使用不同语言组的不同语言。它是由一个名为 Unicode 学术学会（Unicode Consortium）的机构制订的字符编码系统，支持现今世界各种不同语言的书面文本的交换、处理及显示。它为每种语言中的每个字符设定了统一并且唯一的二进制编码，以满足跨语言、跨平台进行文本转换、处理的要求。

Unicode 标准始终使用十六进制数字，而且在书写时在前面加上前缀 "U+"，例如字母 "A" 的编码为 0041_{16}。所以 "A" 的编码书写为 "U+0041"。

UTF-8 是 Unicode 的其中一个使用方式。UTF-8 便于不同的计算机之间使用网络传输不同语言和编码的文字，使得双字节的 Unicode 能够在现存的处理单字节的系统上正确传输。UTF-8 使用可变长度字节来存储 Unicode 字符，例如 ASCII 字母继续使用 1 B 存储，重音文字、希腊字母或西里尔字母等使用 2 B 来存储，而常用的汉字就要使用 3 B 来存储，来存储辅助平面字符则使用 4 B 来存储。

UTF-32、UTF-16 和 UTF-8 是 Unicode 标准的编码字符集的字符编码方案，UTF-16 使用一个或两个未分配的 16 位代码单元的序列对 Unicode 代码点进行编码；UTF-32 即将每一个 Unicode 代码点表示为相同值的 32 位整数。

1.3　计算机的组成

计算机系统分为计算机硬件系统和计算机软件系统两大部分，如图1-5所示。

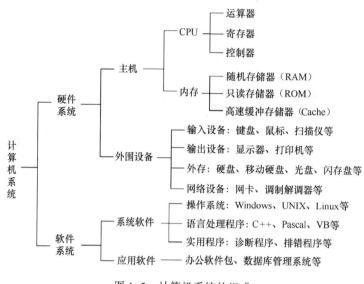

图1-5　计算机系统的组成

计算机软件（Software）系统是指为运行、维护、管理、应用计算机所编制的所有程序和数据的集合。通常，把不装备任何软件的计算机称为"裸机"，只有安装了必要的软件后，用户才能方便地使用计算机。计算机硬件（Hardware）系统是指构成计算机的各种物理装置，包括计算机系统中的一切电子、机械、光电等设备，是计算机工作的物质基础。

1.3.1　计算机软件系统

程序是人们事先编制好能够让计算机按照人的意志实现特定任务的数据和指令序列。计算机之所以能做各种工作，是因为计算机中已经具有了人类为计算机编制好的程序。计算机软件系统分为系统软件和应用软件两大类。

（1）系统软件

系统软件是指由计算机生产厂商为计算机而提供的基本软件。最常用的系统软件有操作系统、计算机语言处理程序、数据库管理程序、网络通信软件、各类服务程序和工具软件等。系统软件不能满足用户使用计算机的最终需要，但是满足用户最终需要的软件必须依赖系统软件提供的支持才能正常工作。

① 操作系统。操作系统（Operating System，OS）是最基本、最核心的系统软件，计算机和其他软件都必须在操作系统的支持下才能运行。操作系统的作用是管理计算机系统中所有的硬件和软件资源，合理地组织计算机的工作流程；同时，操作系统又是用户和计算机之间的接口，为用户提供一个使用计算机的工作环境。目前，常见的操作系统有Windows、UNIX、Linux、Mac OS等。所有的操作系统具有并发性、共享性、虚拟性和不确定性4个基本特征。不同操作系统的结构和形式存在很大差别，但一般都有处理机管理（进程管理）、作业管理、文件管理、存储管理

和设备管理 5 项功能。

② 系统支持软件。系统支持软件是介于系统软件和应用软件之间，用来支持软件开发、计算机维护和运行的软件，是为应用层的软件和最终用户处理程序和数据提供服务，如语言的编译程序、软件开发工具、数据库管理软件、网络支持程序等。

（2）应用软件

应用软件是为解决某个应用领域中的具体任务而开发的软件，如各种科学计算程序、企业管理程序、生产过程自动控制程序、数据统计与处理程序、情报检索程序等。常用应用软件的形式有定制软件（针对具体应用而定制的软件，如民航售票系统）、应用程序包（如通用财务管理软件包）、通用软件（如文字处理软件、电子表格处理软件、课件制作软件、绘图软件、网页制作软件、网络通信软件等）3 种类型。

1.3.2　计算机硬件系统

从功能上看，计算机硬件系统由运算器、控制器、存储器、输入设备和输出设备五大部分组成，如图 1-6 所示，图中实线为数据流（各种原始数据、中间结果等），虚线为控制流（各种控制指令）。输入/输出设备用于输入原始数据和输出处理后的结果，存储器用于存储程序和数据，运算器用于执行指定的运算，控制器负责从存储器中取出指令，对指令进行分析、判断，确定指令的类型并对指令进行译码，然后向其他部件发出控制信号，指挥计算机各部件协同工作，控制整个计算机系统逐步完成各种操作。

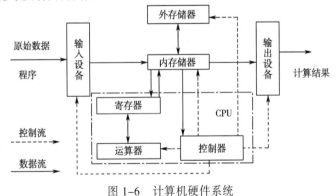

图 1-6　计算机硬件系统

（1）运算器

运算器是对数据进行加工处理的部件，通常由算术逻辑部件（Arithmetic Logic Unit，ALU）和一系列寄存器组成。它的功能是在控制器的控制下对内存或内部寄存器中的数据进行算术运算（加、减、乘、除）和逻辑运算（与、或、非、比较、移位）。

（2）控制器

控制器是计算机的神经中枢和指挥中心，在它的控制下整个计算机才能有条不紊地工作。控制器的功能是依次从存储器中取出指令、翻译指令、分析指令，并向其他部件发出控制信号，指挥计算机各部件协同工作。

在制造过程中，运算器、控制器和寄存器通常被集成在一块集成电路芯片上，称为中央处理器（Central Processing Unit，CPU）。

（3）存储器

存储器用来存储程序和数据，是计算机中各种信息的存储和交流中心。存储器通常分为内部存储器和外部存储器。

内部存储器简称内存，又称主存储器，主要用于存放计算机运行期间所需要的程序和数据。用户通过输入设备输入的程序和数据首先被送入内存，运算器处理的数据和控制器执行的指令来自内存，运算的中间结果和最终结果也保存在内存中，输出设备输出的信息也来自内存。内存的存取速度较快，容量相对较小。因内存具有存储信息和与其他主要部件交流信息的功能，故内存的大小及其性能的优劣直接影响计算机的运行速度。

外部存储器又称辅助存储器，简称外存，用于存储需要长期保存的信息，这些信息往往以文件的形式存在。外部存储器中的数据，CPU 是不能直接访问，要被送入内存后才能被使用，计算机通过内存、外存之间不断的信息交换来使用外存中的信息。与内存相比，外部存储器容量大，速度慢，价格低。外存主要有磁带、硬盘、移动硬盘、光盘、U 盘等。

（4）输入设备和输出设备

输入/输出（I/O）设备是计算机系统与外界进行信息交流的工具。其作用分别是将信息输入计算机和从计算机输出。

输入设备将信息输入计算机，并将原始信息转化为计算机能识别的二进制代码存放在存储器中。常用的输入设备有键盘、鼠标、扫描仪、触摸屏、数字化仪、摄像头、麦克风、数码照相机、光笔、磁卡读入机、条形码阅读机等。

输出设备的功能是将计算机的处理结果转换为人们所能接受的形式并输出。常用的输出设备有显示器、打印机、绘图仪、影像输出系统和语音输出系统等。

1.3.3　计算机主要技术指标

1．字长

字长是 CPU 一次能直接传输、处理的二进制数据位数，是计算机性能的一个重要指标。字长代表机器的精度，字长越长，可以表示的有效位数就越多，运算精度越高，处理能力越强。目前，PC 的字长一般为 32 位或 64 位。

2．主频

主频指的是计算机的时钟频率，时钟频率是指 CPU 在单位时间内发出的脉冲数，通常以吉赫兹（GHz）为单位。主频越高，计算机的运算速度越快。人们通常把 PC 的类型与主频标注在一起，例如，Pentium 4 3.2E 表示该计算机的 CPU 芯片类型为 Pentium 4，主频为 3.2 GHz。CPU 主频是决定计算机运算速度的关键指标，这也是用户在购买 PC 时要按主频来选择 CPU 芯片的原因。

3．运算速度

计算机的运算速度是指每秒所能执行的指令数，用每秒百万条指令（MIPS）描述，是衡量计算机档次的一项核心指标。计算机的运算速度不但与 CPU 的主频有关，还与字长、内存、主板、硬盘等有关。

4．内存容量

内存容量是指随机存储器 RAM 的存储容量的大小，即内存储器中可以存储的信息总字节数。

内存越大系统工作中能同时装入的信息就越多，相对访问外存的频率就越低，使得计算机工作的速度也越快。目前，PC 的内存容量一般有 4 GB、8 GB、16 GB 等。

1.4 多媒体技术及应用

多媒体技术是现代计算机技术的重要发展方向，与通信技术、网络技术的融合与发展打破了时空和环境的限制，涉及计算机出版业、远程通信、家用电子音像产品，以及电影与广播等领域，从根本上改变了人们的生活方式和现代社会的信息传播方式。

1.4.1 基本概念

1. 媒体

媒体（Medium）是指信息传递和存储的载体。或者说，媒体是信息的存在形式和表现形式。简单地说，媒体就是人与人之间交流思想和信息的中介物。在计算机领域中，媒体有两种含义，一是指信息的物理载体（即存储和传递信息的实体），如书本、磁盘、光盘、磁带和半导体存储器等；二是指信息的表现形式（或者说传播形式），如数字、文字、声音、图像、视频和动画等。多媒体技术中的媒体，通常是指后者，即计算机不仅能处理文字、数值之类的信息，还能处理声音、图形、电视图像等各种不同形式的信息。

2. 媒体的类型

按照国际电信联盟（International Telecommunication Union，ITU）对媒体所做的定义，通常可以将媒体分为以下几类：

（1）感觉媒体（Perception Medium）

感觉媒体能够直接作用于人的感官，使人产生感觉，如语言、声音、图像、气味、温度、质地等。

（2）表示媒体（Representation Medium）

表示媒体是加工、处理和传输感觉媒体而构造出来的媒体，如语言编码、文本编码和图像编码等。

（3）呈现媒体

呈现媒体（Presentation Medium）的作用是将感觉媒体信息的内容呈现出来。其分为两种，一种是输入呈现媒体，如键盘、摄像机、光笔、麦克风等；另一种是输出呈现媒体，如显示器、扬声器、打印机等。

（4）存储媒体

存储媒体（Storage Medium）用于存放经过数字化后的媒体信息，以便计算机随时进行处理，如硬盘、U 盘及光盘等。

（5）传输媒体

传输媒体（Transmission Medium）用来将媒体从一处传送到另一处，是信息通信的载体，如通信线缆、光纤、电磁空间等。

人们通常说的媒体是指感觉媒体，但计算机所处理的媒体主要是表示媒体。

3．多媒体与多媒体技术

多媒体（Multimedia）一般理解为多种媒体（文本、图形、图像、音频、动画、视频等）的综合集成与交互，也是多媒体技术的代名词。

按照与时间的相关性，可以将多媒体分成两类，即静态媒体和流式媒体。静态媒体是与时间无关的媒体，如文本、图形、图像；流式媒体是与时间有关的媒体，如音频、动画、视频，该类媒体有实时和同步等要求。

多媒体技术是利用计算机对数字化的多媒体信息进行分析、处理、传输以及交互性应用的技术。目前，多媒体技术的研究已经进入稳定期。部分应用技术逐渐成为研究热门，相关技术领域的发展将持续活跃。可以说，多媒体技术的发展改善了人机交互手段，更接近自然的信息交流方式。

4．常见的媒体元素

（1）文本

文本是指以文字或特定的符号来表达信息的方式。文字是具有上下文关系的字符串组成的一种有结构的字符集合。符号是对信息的抽象，用于表示各种语言、数值、事物或事件。文本是使用最悠久、最广泛的媒体元素。文本分为格式化文本和非格式化文本。格式化文本可以进行格式编排，包括各种字体、尺寸、颜色、格式及段落等属性设置，如.docx 文件；非格式化文本的字符大小是固定的，仅能以一种形式和类型使用，不具备排版功能，如.txt 文件。

（2）图形

图形也称矢量图形，是计算机根据一系列指令集合来绘制的几何信息，如点、线、面的位置、形状、色彩以及一些特殊效果。图形最大优点表现在缩放、旋转、移动等处理过程中不失真，具有很好的灵活性，但其描述的对象轮廓不是非常复杂，色彩也不是很丰富。

（3）图像

图像是指由输入设备捕获的实际场景画面或以数字化形式存储的真实影像。计算机经过逐行、逐列采样，并用许多点阵（像素点）表示并存储的点位图称为数字图像，也称为位图。位图图像适合表现层次和色彩比较丰富、包含大量细节的图像，但存储信息较多，占用空间较大。

（4）音频

音频包括声音和音乐。声音包括人说话的声音、动物鸣叫声等自然界的各种声音；而音乐是有节奏、旋律或和声的人声或乐器音响等配合所构成的一种艺术。声音和音乐在本质上是相同的，都是具有振幅和频率的声波。

（5）动画

动画是指采用图形图像处理技术，借助于计算机编程或动画制作软件等手段，生成一系列可供实时演播的连续画面的技术。计算机动画的实质是若干幅时间和内容连续的静态图像的顺序播放，运动是其主要特征。用计算机实现的动画有两种，一种是造型动画，另一种是帧动画。

（6）视频

视频是若干幅内容相互联系的图像连续播放形成的。视频主要来源于用摄像机拍摄的连续自然场景画面。视频与动画一样是由连续的画面组成的，只是画面图像是自然景物的图像而已。计算机处理的视频信息是全数字化的信号，在处理过程中要受到电视技术的影响。

1.4.2　主要特征

根据多媒体技术的定义可知，多媒体技术具有以下特性：

1．多样性

所谓"多样性"，是指信息媒体多样化。多样性指两个方面：一是信息媒体的多样性，即信息媒体包括文本、图形、图像、音频、动画和视频等；二是多样性表示了多媒体计算机在处理输入的信息时，不仅仅是简单地获取和再现信息，还能根据人的构思和创意，对信息进行变换、组合和加工，从而大大丰富和增强了信息的表现力，达到了更生动、更活泼、更自然的效果。

2．集成性

集成性是指以计算机为中心综合处理多种信息媒体，体现在信息集成性和技术集成性两个方面。信息集成性是指将多种不同的媒体信息有机地组合成为一个完整的多媒体信息，这种集成包括信息的多通道统一获取、多媒体信息的统一存储和组织、及多媒体信息表现合成等方面。技术集成性是指处理各种媒体的设备和设施的集成，以计算机为中心，综合处理文本、图形、图像、动画、音频和视频等多种信息媒体。

3．交互性

交互性是多媒体计算机技术最突出的特性。所谓交互性，是指用户可以对计算机应用系统进行交互式操作，从而更有效地控制和使用信息。这种特性可以增强用户对信息的理解和注意力，延长信息保留的时间。用户借助交互式的沟通，可以按照自己的意愿来学习、思考和解决问题。从用户角度来讲，交互性是多媒体技术中最重要的一个特性。它改变了以往单向的信息交流方式，用户不再像看电视、听广播那样被动地接收信息，而是能够主动地与计算机进行交流。

4．实时性

多媒体系统中，音频、动画和视频等信息媒体都具有很强的实时性。在多媒体系统中，文本、图形和图像等媒体是静态的，与时间无关，而音频、动画和视频则是实时的。多媒体系统提供了对这些实时性媒体的实时处理能力，也就意味着多媒体系统在处理这类信息时有严格的时序要求和很高的速度要求。

1.4.3　应用领域

随着社会的不断进步和发展，以及计算机技术和网络技术的全面普及，多媒体已逐渐渗透到社会的各个领域，在文化教育、技术培训、电子图书、旅游娱乐、商业及家庭等方面，已如潮水般地出现了大量的以多媒体技术为核心的多媒体产品，备受用户的欢迎。

多媒体技术的应用主要包括以下几个方面：

1．教育与培训

多媒体技术用于教育和培训，特别适合于计算机辅助教学（CAI）。教师通过交互式的多媒体辅助教学方式，可以激发学生的学习兴趣和主动性，改变传统灌输式的课堂教学和辅导方式。学生通过多媒体辅助教学软件，可进行自我测试、自我强化，从而提高自学能力。多媒体技术与计算机网络的结合还可应用于远程教学，从而改变传统集中、单向的教学方式，对教育内容以及教育方式方法、教育机构变革、教育观念更新均将产生巨大影响。

2．电子出版物

伴随着多媒体技术的发展，出版业突破了传统出版物的种种限制进入了新时代。多媒体技术使静止枯燥的读物变成了融合文字、图像、音频和视频的休闲享受；同时，存储方式的改进也使出版物的容量增大而体积大大减小。

3．娱乐应用

精彩的游戏和风行的 VCD、DVD 都可以利用计算机的多媒体技术来展现，计算机产品与家电娱乐产品的区别越来越小。视频点播（Video on Demand，VOD）也得到了广泛应用，电视节目中心将所有的节目以压缩后的数据形式存入数据库，用户只要通过网络与中心相连，就可以在家里按照指令菜单调取任何一套节目或调取节目中的任何一段，实现家庭影院般的享受。

4．视频会议

视频会议的应用是多媒体技术最重大的贡献之一。该应用使人的活动范围扩大而距离更近，其效果和方便程度比传统的电话会议优越得多。通过网络技术和多媒体技术，视频会议系统使两个相隔万里的与会者能够像面对面一样进行随意交流。

5．咨询演示

在旅游、邮电、交通、商业、宾馆等公共场所，通过多媒体技术可以提供高效的咨询服务。在销售、宣传等活动中，使用多媒体技术可以图文并茂地展示产品，从而使客户对商品有感性、直观的认识。

6．艺术创作

多媒体系统具有视频绘图、数字视频特技、计算机作曲等功能。利用多媒体系统创作音像，不仅可以节约大量人力、物力，而且为艺术家提供了更好的表现空间和更大的艺术创作自由度。

7．模拟训练

利用多媒体技术丰富的表现形式和虚拟现实技术，研究人员能够设计出逼真的仿真训练系统，如飞行模拟训练等。训练者只需要坐在计算机前操作模拟设备，就可得到如同操作实际设备一般的效果，不仅可以节省训练经费、缩短训练时间，还能避免一些不必要的损失。

1.4.4　多媒体计算机

多媒体计算机（Multimedia PC，MPC）是指能够综合处理文本、图形、图像、音频、动画和视频等多种媒体信息，使多种媒体建立联系并具有交互能力的计算机。

在组成多媒体计算机的硬件方面，除传统的硬件设备外，通常还需要增加 CD-ROM 驱动器、视频卡、声卡、扫描仪、摄像机和音箱等多媒体设备。这些设备用于实现多媒体信息的输入/输出、加工变换、传输、存储和表现等任务。

多媒体计算机相比一般的通用计算机而言，其功能和用途更加丰富。多媒体计算机给人们的工作和学习提供了全新而快捷的方式，为生活和娱乐增添了新的乐趣。

1.4.5　多媒体计算机标准

MPC 是多媒体技术发展的必然结果。MPC 不仅指多媒体计算机，而且还是由多媒体市场协会制定出来的多媒体计算机所需的软/硬件规范标准。其规定多媒体计算机硬件设备和操作系统等量化指标，并且制定高于 MPC 标准的计算机部件的升级规范。最新的 MPC 规定了多媒体计算机的软/硬件配置，其典型配置如表 1-4 所示。就目前而言，普通 MPC 的配置已经完全超过了这一标准，并且还将迅速发展，MPC 只是规定了多媒体计算机系统的最低要求。

表 1-4　MPC-LEVEL4 配置表

硬 件 配 置	配 置 要 求
CPU	Pentium 133 或 Pentium 200
RAM	16 MB 或更多
外存	1.6 GB 以上的硬盘
显示卡	图形分辨率 1 280 × 1 024 像素/1 600 × 1 200 像素/1 900 × 1 200 像素，24 位/32 位真彩色
声卡	16 bit 立体声、带波表 44.1 kHz/48 kHz
视频设备	Modem、视频采集卡、特级编辑卡和视频会议卡
I/O 接口	串口，并口，MIDI 接口和游戏棒接口
显示器	38～43 cm
CD-ROM 驱动器	4 倍速以上的 CD-ROM 光驱

1.4.6　多媒体计算机系统构成

一个完整的多媒体计算机系统由多媒体计算机硬件系统和多媒体计算机软件系统两部分组成。

多媒体硬件系统主要包括计算机主要配置和各种外围设备，以及与各种外围设备连接的控制接口卡（其中包括多媒体实时压缩和解压缩电路，如显卡、声卡等）。

多媒体软件系统构建于多媒体硬件系统之上，包括多媒体驱动软件、多媒体操作系统、多媒体数据处理软件、多媒体创作工具软件和多媒体应用软件等。

1. 多媒体计算机的硬件组成

多媒体硬件系统包括计算机硬件、音频/视频处理器、音频/视频等多种媒体输入/输出设备及信号转换装置、通信传输设备及接口装置等。其中，最重要的是根据多媒体技术标准而研制生成的多媒体信息处理芯片和板卡、光盘存储器（CD/DVD-ROM）等。多媒体硬件系统的基本构成如图 1-7 所示。

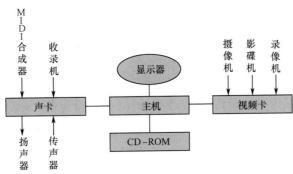

图 1-7　多媒体硬件系统的构成

数字音频处理的支持是多媒体计算机的重要内容，音频处理设备（即声卡）具有 A/D 和 D/A 音频信号的转换功能，可以合成音乐、混合多种声源，还可以外接 MIDI 电子音乐设备。在声卡上连接的音频输入/输出设备包括麦克风、音频播放设备、MIDI 合成器、耳机和扬声器等。

视频卡可细分为视频捕捉卡、视频处理卡、视频播放卡及 TV 编码器等专用卡，其功能是连接摄像机、VCD 影碟机、TV 等设备，以便获取、处理和表现各种动画和数字化视频媒体。视频卡通过插入主板扩展槽中与主机相连。视频卡上的输入/输出接口可以与摄像机、影碟机、录像机和电视机等设备相连。视频卡采集来自输入设备的视频信号，并完成由模拟量到数字量的转换与压缩，将视频信号以数字化形式存入计算机中。

光盘存储器由 CD-ROM/DVD-ROM 驱动器和光盘片组成。光盘片是一种大容量的存储设备，可存储任何多媒体信息。CD-ROM/DVD-ROM 驱动器用来读取光盘上的信息。

图形加速卡又称显示卡，其主要作用是对图形函数进行加速计算机和处理。图形加速卡拥有自己的图形函数加速器和显存，专门用来执行图形加速任务，因此可以大大减少 CPU 所处理的图形函数的时间，让 CPU 执行更多的其他任务，从而提高了计算机的整体性能和多媒体的功能。

2. 多媒体计算机的软件组成

多媒体软件系统是支持多媒体系统运行、开发的各类软件和开发工具，以及多媒体应用软件的总称。多媒体软件可以划分为不同的层次或类别，如图 1-8 所示。

多媒体驱动软件是指多媒体计算机软件中直接和硬件打交道的软件，它是操作系统与多媒体硬件设备之间的接口，负责对对应设备的初始化及各种操作进行处理。驱动软件一般常驻内存，每种多媒体硬件需要一个相应的驱动软件。

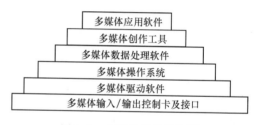

图 1-8   多媒体软件系统图

多媒体操作系统或称多媒体核心系统（Multimedia Kernel System），是具有实时任务调度、多媒体数据转换和同步控制、对多媒体设备的驱动和控制，以及图形用户界面管理等多媒体功能的操作系统。多媒体操作系统可分为两类，一类是为特定的交互式多媒体系统使用的多媒体操作系统，如 Philips 和 Sony 公司联合推出的 CD-RTOS 多媒体操作系统；另一类是通用的多媒体操作系统，如微软的 Windows 系统、苹果的 Mac 系统等。

多媒体数据处理软件是在多媒体操作系统之上开发的，能够编辑和处理多媒体信息的应用软件。常见的图形图像编辑软件有 CorelDRAW、Photoshop 等，音频编辑软件有 Adobe Audition、GoldWave 等，动画编辑软件有 Flash、3d Max 等，非线性视频编辑软件有 Premiere、EDIUS 等。

多媒体创作软件是帮助开发者制作多媒体应用软件的工具，如 Authorware、Director 等。能够对多媒体素材进行控制和管理，并按要求连接成完整的多媒体应用软件。

多媒体应用软件是在多媒体硬软件平台上设计开发的，根据多媒体系统终端用户要求而定制的应用软件或面向某一领域的专业应用软件系统。它是面向各种应用的软件系统，用于解决实际问题。用户可以通过简单的操作，直接进入和使用该应用系统，实现其功能。

多媒体计算机软件系统主要由以上层次组成，其核心是多媒体操作系统，关键是多媒体驱动软件和多媒体创作工具。

1.4.7　多媒体信息数据压缩

多媒体系统需要将不同的媒体数据表示成统一的信息流，然后对其进行变换、重组和分析处理，以便进行进一步的存储、传送、输出和交互控制。多媒体的关键技术主要集中在数据压缩/解压缩技术、多媒体专用芯片技术、大容量的多媒体存储设备、多媒体系统软件技术、多媒体通信技术和虚拟现实技术等方面。其中，使用最为广泛的是数据压缩/解压缩技术。

1. 媒体数据压缩编码的重要性

信息的表示主要分为模拟方式和数字方式。在多媒体技术中，信息均采用数字方式。多媒体系统的重要任务是将信息在模拟量和数字量之间进行自由转换、存储和传输，即将图形、图像、音频、动画和视频等多种媒体转化成数字计算机所能处理的数字信息。但数字化后的音频和视频等媒体信息的数据量是非常大的，这对当前硬件技术所能提供的计算机存储资源和网络带宽有很高的要求，成为阻碍人们有效获取和利用信息的一个瓶颈问题。要使这些媒体在计算机中能够应用，关键问题是如何减少巨大的数据量，以减少占用的存储空间和数据传送量，并使原来的声音和图像不失真。解决这些问题的办法就是要对音频/视频的数据进行大量的压缩，然后存储。在播放时，用压缩的数据进行传输以减少数据传送量，接收后再对传送的数据进行解压缩，以便复原，使播放的图像如同原来采样时的一样（起码失真要小，使人的听觉/视觉不能明显地觉察出来）。

一方面从目前多媒体与计算机技术的发展来看，多媒体数据量越来越大，对数据传输和存储的要求也越来越高，数字化的媒体信息数据以压缩形式存储和传输将是唯一的选择；另一方面，多媒体数据确实有很大的压缩潜力，数据中存在很多冗余，包括空间冗余、时间冗余、知识冗余、视觉冗余、听觉冗余和结构冗余等。因此，在允许一定限度失真的前提下，数据压缩技术是一个行之有效的方法，也是研究多媒体系统的关键技术。

衡量数据压缩技术的好坏有 3 个重要的指标，一是压缩比要大，即压缩前后所需的信息存储量之比要大；二是实现压缩的算法要简单，压缩、解压缩速度快，尽可能地做到实时压缩/解压缩；三是恢复效果要好，要尽可能地恢复原始数据。

2. 数据压缩技术的分类

数据压缩技术的分类方法有很多，如果按照原始数据与解压缩得到的数据之间有无差异来区分，可以将压缩技术分为无损压缩和有损压缩两类。

无损压缩又称无失真压缩，该方法利用数据的统计冗余进行压缩而不会产生失真，即压缩前和解压缩后的数据完全一致。无损压缩的压缩率受到数据统计冗余度的理论限制，一般为 2∶1～5∶1。该类方法广泛用于文本数据、程序代码和某些要求不丢失信息的特殊应用场合的图像数据（如指纹图像、医学图像等）压缩。但由于压缩比的限制，仅使用无损压缩方法不可能解决图像和数字视频的存储和传输问题。常用的无失真压缩编码有哈夫曼编码、行程长度编码等。

有损压缩又称有失真压缩，解压缩后的数据与原来的数据有所不同，但一般不影响人对原始资料所表达信息的理解。例如，图像和声音中包含的数据往往多于我们的视觉系统和听觉系统所能接收的信息，丢掉一些数据而不至于对声音或图像所表达的意思产生误解，因此可以采用有损压缩，所损失的部分是少量不敏感的数据信息，却换来了较大的压缩比。有损压缩广泛应用于语音、图像和视频数据的压缩。常用的有损压缩编码技术有预测编码、变换编码、模型编码和混合编码（JEPG——静态图像压缩编码的国际标准、MPEG——运动图像压缩编码的国际标准）。

1.5　计算机信息安全

随着计算机的快速发展以及计算机网络的普及，计算机安全问题越来越受到广泛的重视与关注。国际标准化组织（ISO）对计算机安全的定义是：为数据处理系统建立和采取的技术及管理的安全保护，保护计算机硬件、软件、数据不因偶然的或恶意的原因而遭破坏、更改、显露。

对计算机安全的威胁多种多样，主要是自然因素和人为因素。自然因素是指一些意外事故的威胁；人为因素是指人为的入侵和破坏，主要是计算机病毒和网络黑客。

计算机安全可以从管理安全、技术安全和环境安全三个方面着手工作。本节只讨论计算机病毒对计算机的破坏和如何防护。

1.5.1　计算机病毒及特征

计算机病毒是指独立编制的或者在计算机程序中插入的一组程序代码，这组代码可以破坏计算机的正常功能或者毁坏数据，并能自我复制和传播。因其寄生和传播方式类似于生物病毒，故称这样的程序代码为计算机病毒。

作为一种特殊的程序代码，计算机病毒具有传染性、寄生性、潜伏性、触发性、表现性和衍生性等特性。

传染性：计算机病毒具有把自己复制到其他媒体的特性。病毒的自我复制必须在计算机启动运行的情况下才能发生，仅仅在磁盘上存在的病毒是无法自我复制的。

寄生性：计算机病毒具有依附其他媒体而寄生的特性。传染性和寄生性是计算机病毒的两个基本特性之一。

潜伏性：计算机病毒的潜伏性又称"隐蔽性"，是指病毒具有伪装能力，在其未发作时人们感觉不到它的存在。

触发性：计算机病毒一般均具有触发机制，当触发条件不满足时，病毒不做任何表现，而触发条件一旦满足，病毒就会被激发而产生破坏作用。触发条件主要有利用日期触发、时钟触发、键盘触发、计算机内部的某些特定操作触发和由外部命令触发 5 种。

表现性：计算机病毒满足触发条件时，病毒在其所在的计算机上发作，表现出特异的症状和破坏作用，所以又称"破坏性"。常见的病毒表现有：开恶作剧式的玩笑、消耗 CPU 和内存等系统资源、破坏文件以及系统数据区、格式化硬盘、改写主板上的 BIOS 内容等。

衍生性：计算机病毒可以被攻击者所模仿，对计算机病毒中的内容进行修改，使之成为一种不同于原病毒的计算机病毒。

1.5.2　计算机病毒的分类与防治

1. 计算机病毒的种类

计算机病毒的种类繁多、错综复杂。按破坏程度的强弱不同，计算机病毒可分为良性病毒和恶性病毒。

① 良性病毒：是指那些只是为了表现自身，并不彻底破坏系统和数据，但会占用大量 CPU 时间，增加系统开销，降低系统工作效率的一类计算机病毒。该类病毒多为恶作剧者的产物，他

们的目的不是为了破坏系统和数据，而是为了让使用染有病毒的计算机用户通过显示器看到或体会到病毒设计者的编程技术。

② 恶性病毒：是指那些一旦发作，就会破坏系统或数据，造成计算机系统瘫痪的一类计算机病毒。该类病毒危害极大，有些病毒发作后可能给用户造成不可挽回的损失。该类病毒有"黑色星期五"病毒、木马、蠕虫病毒等，它们表现为封锁、干扰、中断输入/输出，删除数据、破坏系统，使用户无法正常工作，严重时使计算机系统瘫痪。

按传染方式的不同，计算机病毒可分为文件型病毒、引导型病毒、混合型病毒和网络型病毒。

① 文件型病毒：一般只传染磁盘上的可执行文件（如.com，.exe）。在用户运行染毒的可执行文件时，病毒首先被执行，然后病毒驻留内存伺机传染其他文件或直接传染其他文件。这类病毒的特点是附着于正常程序文件中，成为程序文件的一个外壳或部件。当该病毒完成了它的工作后，其正常程序才被运行，使人看起来仿佛一切都很正常。

以.exe、.com 等为扩展名的可执行文件最容易感染文件型病毒。而以.doc、.xls 等为扩展名的文档文件由于往往含有宏代码，也会成为文件型病毒的载体，这种以文档文件中宏代码为载体的文件型病毒一般称为"宏病毒"。文件型病毒有 3 种主要形式：

覆盖型：该类文件病毒的一个特点是不改变文件的长度，使原文件看起来非常正常。即使是这样，一般的病毒扫描程序或病毒检测程序通常都可以检测到覆盖了程序的病毒代码存在。

前后依附型：前依附型文件病毒将自己加在可执行文件的头部；后依附型病毒将自己附加在可执行文件的末尾。

伴随型：该类文件病毒为.exe 文件建立一个相应的含有病毒代码的.com 文件。当运行.exe 文件时，控制权就转到隐藏的.com 文件，病毒程序就可运行，运行完成后，控制权又返回.exe 文件。

② 引导扇区型病毒：它会潜伏在磁盘的引导扇区或主引导记录中。如果计算机从被感染的磁盘启动，病毒就会把自己的代码调入内存。病毒可驻留在内存中并感染被访问的盘。触发引导扇区型病毒的典型事件是系统日期和时间。

引导扇区病毒的一个非常重要的特点是对磁盘引导扇区的攻击。引导扇区是大部分系统启动或引导指令所保存的地方，而且对所有的磁盘来讲，不管是否可以引导，都有一个引导扇区，感染的主要方式就是发生在计算机通过已被感染的引导盘引导时。

③ 混合型病毒：兼有以上两种病毒特点的病毒，既传染引导区，又传染文件，因此扩大了这种病毒的传染途径。当染有该类病毒的磁盘用于引导系统或调用执行染毒文件时，病毒都会被激活。因此，在检查、清除该类病毒时，必须全面彻底地根治。

④ 网络型病毒：利用网页进行破坏的病毒一般称为网络型病毒，它是存在于网页中的一些利用脚本语言编写的恶意代码。当用户登录某些含有网络型病毒的网站时，网页上的病毒代码便被悄悄激活，这些病毒一旦激活，可以利用系统的一些资源进行破坏。轻则修改用户的注册表，使用户的首页、浏览器标题改变，重则可以关闭系统的很多功能，使用户无法正常使用计算机系统，严重者则可以将用户的系统进行格式化。而这种网页病毒很容易编写和修改，使用户防不胜防。还有一种特别的网络型病毒——蠕虫病毒，蠕虫病毒与一般病毒不同，它不需要将其自身附着到宿主程序，而是一种独立的程序。蠕虫病毒利用网络进行复制和传播，主要传染途径是网络文件和电子邮件。

　　按连接方式的不同，计算机病毒可分为源码型病毒、嵌入型病毒、操作系统型病毒和外壳型病毒。

　　① 源码型病毒：较为少见，亦难以编写。它要攻击高级语言编写的源程序，在源程序编译之前插入其中，并随源程序一起编译、连接成可执行文件，这样刚刚生成的可执行文件便已经感染病毒。

　　② 嵌入型病毒：用病毒自身代替正常程序中的部分模块，因此，它只攻击某些特定程序，针对性强。一般情况下也难以被发现，清除起来也较困难。

　　③ 操作系统型病毒：可用病毒自身部分加入或替代操作系统的部分功能。因直接感染操作系统，病毒的危害性也极大，可能导致整个系统瘫痪。

　　④ 外壳型病毒：将病毒自身附着在正常程序的开头或结尾，相当于给正常程序加了个外壳。大部分的文件型病毒都属于这一类。

2. 计算机病毒的防范

（1）防范措施

　　① 对外来的计算机、存储介质（光盘、U 盘、移动硬盘等）或软件要进行病毒检测，确认无毒后才能使用。

　　② 在别人的计算机上使用自己的 U 盘或移动硬盘时，必须处于写保护状态。

　　③ 不要运行来历不明的程序或使用盗版软件。

　　④ 不要在系统盘上存放用户的数据和程序。

　　⑤ 对于重要的系统盘、数据盘以及磁盘上的重要信息要经常备份，以便遭到破坏后能及时得到恢复。

　　⑥ 利用加密技术，对数据与信息在传输过程中进行加密。

　　⑦ 利用访问控制权限技术规定用户对文件、数据库、设备等的访问权限。

　　⑧ 不定时更换系统的密码，且提高密码的复杂度，以增强入侵者破译的难度。

　　⑨ 迅速隔离被感染的计算机。当计算机发现病毒或异常时应立刻断网，以防止计算机受到更多的感染，或者成为传播源，再次感染其他计算机。

　　⑩ 不要轻易下载和使用网上的软件；不要轻易打开来历不明的邮件中的附件；不要浏览一些不太了解的网站；不要执行从 Internet 下载后未经杀毒处理的软件；调整好浏览器的安全设置，并且禁止一些脚本和 ActiveX 控件的运行，防止恶性代码的破坏。对于通过网络传输的文件，应在传输前和接收后使用反病毒软件进行检测和清除病毒，以确保文件不携带病毒。

　　⑪ 关闭或删除系统中不需要的服务。默认情况下，许多操作系统会安装一些辅助服务，如 FTP 客户端、Telnet 等。这些服务为攻击者提供了方便，如果用户不需要使用这些功能，则可删除它们，这样可以大大减少被攻击的可能性。

　　⑫ 购买并安装正版的具有实时监控功能的杀毒卡或反病毒软件，时刻监视系统的各种异常并及时报警，以防止病毒的侵入。并要经常更新反病毒软件的版本，以及升级操作系统，安装堵塞漏洞的补丁。

　　⑬ 对于网络环境，应设置"病毒防火墙"。

（2）利用防火墙技术

防火墙是指设置在不同网络（如可信任的企业内部网和不可信的公共网）或网络安全域之间

的一系列部件的组合。它可通过监测、限制、更改跨越防火墙的数据流，尽可能地对外部屏蔽网络内部的信息、结构和运行状况，以此来实现网络的安全保护。

在逻辑上，防火墙是一个分离器，一个限制器，也是一个分析器，有效地监控了内部网和 Internet 之间的任何活动，保证了内部网络的安全。典型的防火墙具有以下 3 个方面的基本特性：

① 内部、外部网络之间的所有网络数据流都必须经过防火墙。

② 只有符合安全策略的数据流才能够通过防火墙。

③ 防火墙自身具有非常强的抗攻击能力。

目前常见的防火墙有 Windows 防火墙、天网防火墙、瑞星防火墙、江民防火墙、卡巴斯基防火墙等。

（3）用杀毒软件清除病毒

杀毒软件又称反病毒软件，是用于消除计算机病毒、特洛伊木马和恶意软件，保护计算机安全的一类软件的总称，可以对资源进行实时的监控，阻止外来侵袭。杀毒软件通常集成病毒监控、识别、扫描和清除以及病毒库自动升级等功能。杀毒软件的任务是实时监控和扫描磁盘，其实时监控方式因软件而异。有的杀毒软件是通过在内存中划分一部分空间，将计算机中流过内存的数据与杀毒软件自身所带的病毒库（包含病毒定义）的特征码相比较，以判断是否为病毒。另一些杀毒软件则在所划分到的内存空间中，虚拟执行系统或用户提交的程序，根据其行为或结果做出判断。部分杀毒软件通过在系统添加驱动程序的方式，进驻系统，并且随操作系统启动。大部分的杀毒软件还具有防火墙功能。

目前，使用较多的杀毒软件有卡巴斯基、NOD32、诺顿、瑞星、江民、金山毒霸等，具体信息可在相关网站中查询。个别的杀毒软件还提供永久免费使用，例如 360 杀毒软件。

由于计算机病毒种类繁多，新病毒又在不断出现，病毒对反病毒软件来说永远是超前的，也就是说，清除病毒的工作具有被动性。切断病毒的传播途径，防止病毒的入侵比清除病毒更重要。

本 章 小 结

随着计算机技术的发展，计算机和网络技术的应用已经渗透到社会的各行各业，计算机和网络的应用能力已成为大学生的基本素质之一。

本章以计算机技术发展为主线，对计算机的发展历程、分类、特点、应用，计算机内的数据表示，多媒体技术及计算机安全与防范等知识做了总括性的简介，通过简短的介绍让读者了解计算机，为后面的学习打下基础。

第 2 章 | Windows 7 操作系统基础

【知识目标】

- 了解计算机软硬件系统的组成及主要技术指标。
- 了解操作系统的基本概念、功能、组成及分类。
- 了解 Windows 操作系统的基本概念和常用术语，文件、文件夹、库等。

【技能目标】

- 掌握 Windows 操作系统的基本操作和应用。

操作系统是最重要的计算机软件，它是管理计算机硬件和软件的平台。目前，常见的计算机操作系统有 Windows、Mac OS X 。而 Windows 是应用最为广泛的操作系统。

2.1 Windows 7 的基本操作

Windows 7 是微软公司继 Windows 2000/XP/Vista 操作系统之后推出的新一代 Windows 操作系统，本章主要介绍 Windows 7 操作系统用户界面的基本操作和使用方法。

2.1.1 Windows 7 的启动和关闭

（1）Windows 7 的启动

在计算机上成功安装 Windows 7 操作系统以后，打开计算机电源即可自动启动，大致过程如下：

① 打开计算机电源开关，计算机进行设备自检，通过后即开始系统引导，启动 Windows 7。

② Windows 7 启动后进入等待用户登录的提示画面，如图 2-1 所示。

图 2-1　Windows 7 登录界面

③ 单击用户图标，如果未设置系统管理员密码，可以直接登录系统；如果设置了管理员密码，输入密码并按【Enter】键，即可登录系统。

（2）注销和关闭计算机

① 注销用户。Windows 7 是一个支持多用户的操作系统，它允许多个用户登录到计算机系统中，而且各个用户除了拥有公共系统资源外还拥有个性化的设置，每个用户互不影响。

为了使用户快速方便地进行系统登录或切换用户账户，Windows 7 提供了注销功能，通过这种功能用户可以在不必重新启动计算机的情况下登录系统，系统只恢复用户的一些个人环境设置。要注销当前用户，单击"开始"→"关机"右侧三角按钮，选择"注销"命令，如图 2-2 所示，弹出"注销 Windows"对话框。单击"注销"按钮，则关闭当前登录的用户，系统处于等待登录状态，用户可以以新的用户身份重新登录。单击"切换用户"按钮，则在不注销当前用户的情况下切换到其他用户账户环境下。

图 2-2　选择"注销"命令

② 关闭计算机。退出操作系统之前，通常要关闭所有打开或正在运行的程序。退出系统的操作步骤是：单击"开始"按钮，选择"关闭计算机"命令。系统将自动并安全地关闭电源。

在"关闭计算机"菜单中，用户还可以选择进行以下操作：

- 休眠：当用户较长时间不使用计算机，同时又希望系统保持当前的任务状态，则应该选择"休眠"命令。系统将内存中的所有内容保存到硬盘，关闭监视器和硬盘，然后关闭 Windows 和电源。重新启动计算机时，计算机将从硬盘上恢复"休眠"前的任务内容。使计算机从休眠状态恢复要比从待机状态恢复所花的时间长。

- 重新启动：单击"重新启动"命令，系统将结束当前的所有任务，关闭 Windows，然后自动重新启动系统。

2.1.2　认识 Windows 7 桌面

启动 Windows 7 后，屏幕上显示图 2-3 所示的 Windows 桌面，是 Windows 用户与计算机交互的工作窗口。用户可以在桌面设置背景图案，也可以布局各种图标。任务栏中有"开始"按钮、任务按钮和其他显示信息，如时钟等，可以快速打开应用程序。

图 2-3　Windows 7 桌面

1. 桌面

桌面是 Windows 操作系统和用户之间的桥梁，几乎 Windows 中的所有操作都是在桌面上完成的。Windows 7 的桌面有许多全新的改进，如外观、特效、增强的任务栏等，这些改进大大提高了操作效率和用户体验。

Aero 效果是一种可视化系统主体效果，体现在任务栏、标题栏等位置的透明玻璃效果。"Aero"是 Authentic（真实）、Energetic（动感）、Reflective（具反射性）及 Open（开阔）的缩略字。Aero是微软从 Windows Vista 开始重新设计的用户界面，Windows 7 继承了其风格的界面，而且技术更加成熟。Aero 的透明效果不仅仅是为了美观，它可以使用户将更多的精力集中在关键内容上，而且能够使操作更加简洁。比如，通过 Aero Peek 桌面的完全透明效果可以直接查看桌面小工具，省去许多最小化和还原的操作，如图 2-4 所示。

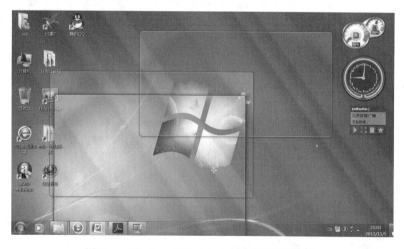

图 2-4　Windows 7 的 Aero Peek 桌面透视效果

2．图标

Windows 7 提供的图标不仅十分精致，而且具有更加实用的文件预览功能。Windows 7 的图标最大尺寸为 256×256 像素，能呈现精致设计的细节和高分辨率显示器的优势。Windows 7 的大图标在显示文件夹时会抓取其中文件的快照，在显示 Office 文档、PDF 文档和图片等文件时可以实现预览，如图 2-5 所示。

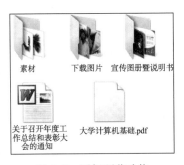

图 2-5　图标预览功能

3．任务栏

任务栏是用户使用最频繁的 Windows 界面元素之一，任务栏的主要功能是显示用户当前打开程序窗口对应的图标，使用这些图标实现对程序还原到桌面、切换以及关闭等操作。Windows 7 对原来的快速启动工具栏进行了改进，与任务栏上传统的程序窗口按钮进行了整合，如图 2-6 所示，未运行程序和已运行程序一目了然，同时使任务栏可以显示更多的项目。未运行程序运行后其图标会变成运行程序窗口按钮，而且用户可以拖动已运行程序窗口的按钮来改变它们的排列顺序。

操作： 单击任务栏上的未运行程序图标，观察它的变化；拖动程序窗口按钮改变其位置。

图 2-6　Windows 7 的任务栏

（1）任务进度监视

Windows 7 任务栏按钮会主动显示当前涉及进度操作的窗口执行状态，如复制、下载等，如图 2-7 所示，省去了用户切换窗口的一些烦琐操作。

图 2-7　任务栏显示操作进度

（2）预览和窗口切换

Windows 7 任务栏窗口程序对应的按钮可以对窗口进行预览，而且同一个程序的多个窗口能够同时预览，如图 2-8 所示；除预览功能外，用户还可以通过预览图标对窗口实现切换和关闭操作。

图 2-8　任务栏预览功能

操作： 打开几个相同的程序，如用 IE 浏览器打开几个不同的网站，然后将鼠标指针移到任务栏中 IE 浏览器的按钮上，可以看到已打开网页的预览，将鼠标指针移到预览图标上，单击可以打开相应的网页窗口，也可以直接单击预览图标上的"关闭"按钮，将相应窗口关闭，如图 2-9 所示。

（3）跳转列表

在任务栏任意一个按钮（或者图标）上右击，或者按住鼠标左键向上拖动将会出现 Windows 7 的"跳转列表"功能，如图 2-10 所示。跳转列表取代了传统的任务栏按钮的关闭菜单，跳转列表会根据应用程序的类型提供两类功能，分别是"最近使用项目"和"程序常规任务"。跳转列表把最近使用的文档按照程序类型进行了分类，比起以前 Windows 版本"开始"菜单中的"最近使用项目"混杂在一起的情况要清晰很多。另外，还可以通过单击跳转列表中最近使用项目右侧的"图钉"按钮将该文档锁定在跳转列表中，避免项目被滚动代替。

图 2-9   预览图标上的"关闭"按钮

图 2-10   Windows 7 的跳转列表

操作： 右击任务栏上的任意图标，单击出现在跳转列表上的项目；再单击该项目右侧的"图钉"按钮，观察变化。

4. 任务栏上图标的添加和移除

如果把任务栏上的图标看作以往的快速启动栏，那么任务栏还有很大的空间来存放常用的程序图标，从而可以提高操作效率。对于未运行的程序可以将直接程序图标拖到任务栏上，如图 2-11 所示，使它成为任务栏上的一个快速启动按钮；对于已经运行的程序，可以右击任务栏上的程序图标，然后通过跳转列表中的"将此程序锁定到任务栏"命令来完成，如图 2-12 所示。要将一个图标从任务栏上移除，只需要右击该图标，在跳转列表中选择"将此程序从任务栏解锁"命令即可，如图 2-13 所示。

图 2-11   在任务栏上添加图标 1

图 2-12   在任务栏上
添加图标 2

图 2-13   移除任务栏上
的图标

操作：在任务栏上添加一个常用程序的图标，然后再移除它。

5. 通知区域和显示桌面

一些运行的程序、系统音量、网络图标会显示在任务栏右侧的通知区域。隐藏一些不常用的图标会增加任务栏的可用空间。隐藏的图标被放在一个面板中，查看时单击通知区域向上的箭头即可打开该面板，如图 2-14 所示。想隐藏一个图标，只须将该图标向面板空白处拖动即可。若想重新显示被隐藏的图标，将该图标从面板中拖动到通知区域即可，如图 2-15 所示。通知区域图标的顺序也可以通过"拖动"来改变。

图 2-14　通知区域隐藏的图标　　　　图 2-15　将隐藏的图标显示在通知区域

要想快速显示桌面可以按【Win+D】组合键，或者单击任务栏最右侧的一个矩形区域，可以将鼠标"无限"移动到屏幕右下角，而不需要对准该区域。

操作：隐藏/显示通知区域的图标；快速显示桌面。

6. 任务栏属性设置

任务栏是使用最频繁的界面元素之一，符合用户操作习惯的任务栏，可以提高操作的效率。右击任务栏，选择"属性"命令，弹出"任务栏和「开始」菜单属性"对话框，如图 2-16 所示。通过使用该对话框中的"使用小图标"或"自动隐藏任务栏"复选框能够增加屏幕的有效面积。

任务栏位置的设置：通过"屏幕上的任务栏位置"下拉列表中的选项可以将任务栏放置在屏幕的上方、左侧或者右侧，图 2-17 所示是任务栏在屏幕的右侧。

图 2-16　"任务栏和「开始」菜单　　　　图 2-17　任务栏在桌面的右侧
　　　　　属性"对话框

任务栏图标外观设置：Windows 7 默认的任务栏图标显示方式（始终合并、隐藏标签）是为了增加任务栏的可用空间，从而容纳更多的图标。如果不习惯这种显示方式，可以通过图 2-16 中"任务栏按钮"下拉列表选择"从不合并"或者"当任务栏被占满时合并"选项，来改变任务栏上图标的显示方式。

2.1.3　窗口的基本操作

1. 窗口的概念

窗口是 Windows 7 系统的基本对象，是用于查看应用程序或文件等信息的一个矩形区域。Windows 中有应用程序窗口、文件夹窗口、对话框窗口等，其组成如图 2-18 所示。

图 2-18　窗口的组成

2. 窗口的组成

（1）地址栏

地址栏用于输入文件的地址。用户可以通过下拉列表选择地址，方便地访问本地或网络中的文件夹，也可以直接在地址栏中输入网址，访问互联网。

（2）工具栏

工具栏中存放着常用的操作按钮，通过工具栏，可以实现文件的新建、打开、共享和调整视图等操作。在 Windows 7 中，工具栏上的按钮会根据查看的内容不同而有所变化。

通过"组织"按钮可以实现文件（夹）的剪切、复制、粘贴、删除、重命名等操作，如图 2-19 所示。通过"视图"按钮可以调整图标的显示大小，如图 2-20 所示。

图 2-19　"组织"按钮

图 2-20　"视图"按钮

（3）搜索栏

Windows 7 随处可见类似的搜索栏，这些搜索栏具备动态搜索功能，即当我们输入关键字的一部分时，搜索就已经开始，随着输入关键字的增多，搜索的结果会被反复筛选，直到搜索到需要的内容。

3．窗口切换

Windows 可以同时打开多个窗口，但只能有一个活动窗口。切换窗口就是将非活动窗口变成活动窗口的操作，切换的方法如下：

① 利用快捷键。按【Alt+Tab】组合键，屏幕中间的位置会出现一个矩形区域，显示所有打开的应用程序和文件夹图标，按住【Alt】键不放，反复按【Tab】键，这些图标就会轮流由一个蓝色的框包围而突出显示，当要切换的窗口图标突出显示时，释放【Alt】键，该窗口就会成为活动窗口。

② 利用【Alt+Esc】组合键。【Alt+Esc】组合键的使用方法与【Alt+Tab】组合键的使用方法相同，唯一的区别是按【Alt+Esc】组合键时不会出现窗口图标方块，而是直接在各个窗口之间进行切换。

③ 利用程序按钮区。每运行一个程序，在任务栏中就会出现一个相应的程序按钮，单击程序按钮就可以切换到相应的程序窗口。

4．窗口的操作

窗口的主要操作有打开窗口、移动窗口、缩放窗口、关闭窗口、窗口的最大化及最小化。窗口的大部分操作可以通过窗口菜单来完成。单击标题左上角的控制菜单按钮就可以打开图 2-21 所示的菜单，选择要执行的菜单命令即可。此外，也可以用鼠标完成对窗口的操作。

5．桌面上窗口的排列方式

在桌面上所有打开的窗口可以采取层叠或平铺的方式进行排列，方法是在任务栏的空白处右击，在弹出的图 2-22 所示的快捷菜单中选择命令即可。

图 2-21　控制菜单

图 2-22　快捷菜单

2.1.4　小工具和小程序介绍

Windows 7 附带了多个方便日常使用的小工具，如时钟、日历等，下面选择几个进行简单介绍。

1．桌面小工具

右击桌面空白处，选择快捷菜单中的"小工具"命令，打开小工具设置面板。可以将需要的小工具拖到桌面上，也可以双击需要的小工具，小工具会自动排列到屏幕的右上角。将鼠标指针停留在小工具上时可以对其进行设置，如图 2-23 所示。

　　更多的小工具可以从微软的官方网站下载，单击小工具面板下方的"联机获取更多小工具"超链接即可。如果要彻底删除某个小工具，可以在该小工具上右击，在弹出的快捷菜单中选择"卸载"命令，如图 2-24 所示。

图 2-23　桌面小工具

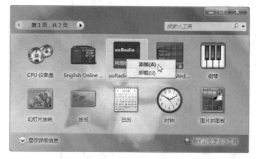

图 2-24　卸载小工具

　　当小工具被桌面上的窗口遮挡时，可以将鼠标指针移到任务栏最右边的"显示桌面"矩形按钮，不需要单击，Windows 7 的 Aero Peek 桌面透视效果可以使所有的窗口变得透明，小工具便一览无遗。

2．其他小程序

　　（1）便签

　　Windows 7 提供了一个可以无限使用的便签，选择"开始"→"所有程序"→"便签"命令，打开后即可进行临时记录，只要不单击右上角的"删除"按钮，即使机器重启，以前记录的内容仍会显示。如果需要多个便签，单击便签程序左上角的"＋"号，即可打开一张新的便签。右击便签程序，在弹出的快捷菜单中可以设置便签的颜色，如图 2-25 所示。

　　（2）计算器

　　Windows 7 中的计算器比以前的版本功能增强了很多，包括科学计算、日期计算、单位转换等，如图 2-26 所示。

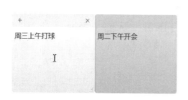

图 2-25　便签

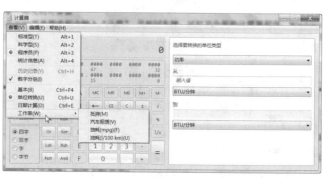

图 2-26　计算器

2.2　Windows 7 文件管理

2.2.1　Windows 7 文件系统

文件是一组相关信息的集合，它可以是一个应用程序、一段文字、一张图片、一首 MP3 音乐或一部视频电影等。磁盘上存储的一切信息都以文件的形式保存着。在计算机中使用的文件种类有很多，根据文件中信息种类的区别，将文件分为很多类型，有系统文件、数据文件、程序文件、文本文件等。

每个文件都必须具有一个名字，文件名一般由两部分组成：主名和扩展名，它们之间用一个点（.）分隔。主名是用户根据使用文件时的用途自己命名的，扩展名用于说明文件的类型，系统对于扩展名与文件类型有特殊的约定，常用的扩展名及其含义如表 2-1 所示。

表 2-1　文件类型及扩展名

扩　展　名	文　件　类　型	扩　展　名	文　件　类　型
.txt	文本文档/记事本文档	.doc、.docx	Word 文档
.exe、.com	可执行文件	.xls、.xlsx	电子表格文件
.hlp	帮助文档	.rar、.zip	压缩文件
.htm、.html	超文本文件	.wav、.mid、.mp3	音频文件
.bmp、.gif、.jpg	图形文件	.avi、.mpg	可播放视频文件
.int、.sys、.dll、.adt	系统文件	.bak	备份文件
.bat	批处理文件	.tmp	临时文件
.drv	设备驱动程序文件	.ini	系统配置文件
.mid	音频文件	.ovl	程序覆盖文件
.rtf	富文本格式文件	.tab	文本表格文件
.wav	波形声音	.obj	目标代码文件

在 PC 中，为了便于用户将大量文件根据使用方式和目的等进行分类管理，采用树状结构来实现对所有文件的组织和管理。树状是一种"层次结构"，层次中的最上层只有一个结点，称为"桌面"。"桌面"下面分别存放了"计算机""我的文档""网上邻居""回收站"等，它们本身也同样是一个树状结构，用来存储下级的信息，在它们的基础上还可以继续进行延伸。用户可以根据存放文件的分类再在下级任意创建文件夹，每个文件夹里面可以存放文件或下级的文件夹。

操作系统通过树状结构和文件名管理文件。用户使用文件时只要记住所用文件的名称和其在磁盘树状机构中的位置即可通过操作系统管理文件。为了避免文件管理发生混乱，规定同一文件夹中的文件不能同名，如果两个文件名完全相同，它们必须分别放在不同的文件夹中。

Windows 7 还新提供了一种对处于不同磁盘、不同文件夹的文件进行管理的新形式"库"。利用库可以把不同磁盘不同文件夹中的文件和文件夹"组织"到一起，从而方便统一管理。

Windows 7 规定，文件可以使用长文件名（最多 248 个字符），命名文件或文件夹可以用字母、数字、汉字及大多数字符，还可以包含空格、小数点（.）等。文件名最后一个点右边的字符串表示文件类型。

用户通过文件名使用和管理文件，需要了解文件所在的磁盘、文件夹，这样才能找到并使用它。

2.2.2　资源管理器

Windows 7 使用了全新的资源管理器，双击桌面上的"计算机"图标，打开图 2-27 所示的标准的 Windows 7 资源管理器界面。下面逐项了解该资源管理器的变化和使用方法。

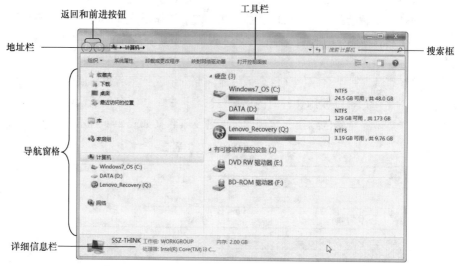

图 2-27　"计算机"窗口

2.2.3　地址栏

Windows 7 的地址栏采用了"按钮"的形式，比起传统的文本形式的按钮更加方便目录的跳转，并且可以轻松实现同级目录的快速切换。

如图 2-28 所示，当前目录为"C:\Windows\Web\Wallpaper"，此时地址栏中有 5 个按钮，分别是"计算机""Windows7_OS(C:)""Windows""Web"和"Wallpaper"。

图 2-28　资源管理器地址栏中的按钮

如果想回到"Web"目录，可以单击地址栏左侧的"返回"按钮，或者直接单击地址栏中的"Web"按钮；如果想直接回到 C 盘根目录，可以直接单击"Windows7_OS(C:)"；如果想进入 C 盘根目录下的其他文件夹，如"Program Files"，可以单击"Windows7_OS(C:)"按钮后面的下拉箭头，选择该目录直接跳转，如图 2-29 所示。

图 2-29　直接进行目录跳转

如果需要复制路径的文本，直接单击地址栏按钮后面的空白处即可，如图 2-30 所示。

图 2-30　复制地址栏中的地址

2.2.4　工具栏

地址栏下方是工具栏，工具栏会因为窗口的不同而有所变化，但"组织""视图""预览窗格"3 个按钮保持不变，如图 2-31 所示。

"组织"按钮包含了大多数常用的功能选项，如"复制""剪切""粘贴""全选""删除"以及"文件夹和搜索选项"选项等。

"视图"按钮可以改变图标的显示方式。单击"视图"按钮可以轮流切换图标的 8 种显示方式，选择"超大图标"，可以通过缩略图对文件或文件夹进行预览；向上或向下移动滑块可以微调文件和文件夹图标的大小。

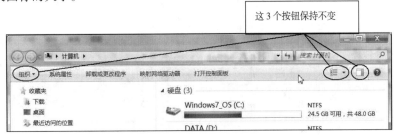

图 2-31　资源管理器的工具栏

单击"预览窗格"按钮可以实现对某些类型文件，如 Office 文档、PDF 文档、图片等文件的预览，"超大图标"和"预览窗格"的不同预览效果如图 2-32 所示。

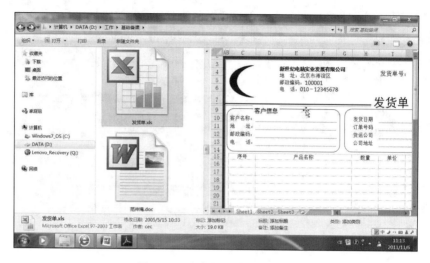

图 2-32　文件的预览窗格效果

2.2.5　搜索框

随着硬盘技术的发展，硬盘容量不断增大，用户文件也不断增多。Windows 7 加强了针对文件的搜索功能，Windows 7 的搜索框位于资源管理器的右上角，可直接在其中输入关键字，非常方便。

搜索时可以结合通配符进行，通配符有两个："*"代表多个任意的字符，"？"代表任意一个字符，比如，搜索 D 盘中所有的电子表格文件，可以输入"*.xls"，如图 2-33 所示。

搜索时也可以根据文件的生成时间或者大小来进行，单击搜索框空白处，如图 2-34 所示，在弹出的列表中单击"添加搜索筛选器"下方的"修改日期"或者"大小"按钮。

图 2-33　使用通配符进行搜索

图 2-34　按照大小或日期进行搜索

Windows 7 对于系统预置的用户个人媒体文件夹和"库"中的内容搜索速度非常快，这是因为 Windows 7 加入了索引机制。搜索系统预置的用户个人媒体文件夹和"库"中的内容其实是在数据库中搜索，而不是扫描硬盘，所以速度大大加快。

　　默认情况下，Windows 7 只对预置的用户个人媒体文件夹和"库"添加索引，用户可以根据需要添加其他索引路径，以提高搜索效率。在"开始"菜单的搜索框中输入"索引选项"，然后按【Enter】键，弹出"索引选项"对话框（见图 2-35），单击"修改"按钮，在弹出的对话框中勾选需要添加索引的盘符，单击"确定"按钮，如图 2-36 所示。

图 2-35　"索引选项"对话框

图 2-36　"索引位置"对话框

2.2.6　导航窗格

　　Windows 7 的导航窗格提供了"收藏夹""库""家庭组""计算机"和"网络"等结点。用户可以通过这些结点快速切换到需要跳转的目录。

1. 收藏夹

　　此处的收藏夹和 IE 浏览器的收藏夹不同，它是将用户的文件夹以链接的形式存放在此处，通过它用户可以快速访问该文件夹。

　　收藏夹中预先设置了几个常用的目录链接，即"桌面""下载"和"最近访问的位置"。如果需要添加新的文件夹收藏时，将要添加的文件夹拖到收藏夹中即可，如图 2-37 所示；如需删除某个链接，右击该链接，选择"删除"命令即可，但不会删除链接所指向的文件夹。

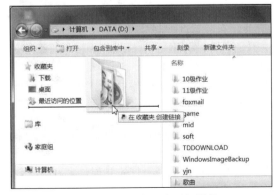

图 2-37　在收藏夹中添加链接

2. 库

库是用于管理文档、音乐、图片和其他文件的位置，库不存储项目。可以使用与在文件夹中浏览文件相同的方式浏览文件，也可以查看按属性（如日期、类型和作者）排列的文件。在某些方面，库类似于文件夹。例如，打开库时将看到一个或多个文件。但与文件夹不同的是，库可以收集存储在多个位置中的文件。这是一个细微但重要的差异，它监视包含项目的文件夹，并允许用户以不同的方式访问和排列这些项目。

Windows 7 具有 4 个默认库：视频、图片、文档和音乐。例如，可以把硬盘中存储音乐的文件夹包含到音乐库中，右击想要添加到库的文件夹，选择"包含到库中"→"音乐"命令（见图 2-38），返回"音乐"库，即可看到添加到库的文件夹（见图 2-39）。用户也可以自行新建库。

图 2-38　选择"音乐"命令

图 2-39　添加到库的文件夹

如果删除库，会将库自身移动到"回收站"中，而该库中访问的文件和文件夹都存储在其他位置，因此不会删除。例如，右击音乐库中的"歌曲"，从快捷菜单中选择"从库中删除位置"命令，如图 2-40 所示，该操作不会影响"D:\歌曲"。如果从库中删除文件或文件夹，会同时从原始位置将其删除。如果要从库中删除项目，但不从存储位置将其删除，则应删除包含该项目的文件夹。

Windows 7 库与索引、家庭组、Windows 媒体库紧密结合，包含在库中的文件夹都可以与其他 3 项分享使用。

3. 家庭组

在 Windows 7 中家庭用户可以借助家庭组功能轻松实现文档、音乐、图片、视频以及打印机的共享，并能确保数据

图 2-40　从库中删除包含的位置

的安全。Windows 7 所有版本都可以加入家庭组，但是只有家庭高级版、专业版和旗舰版才能创建家庭组。

要通过家庭组共享文档、音乐、打印机等，首先要创建家庭组，创建家庭组的方法如下：

① 在资源管理器窗口中，单击导航窗格中的"家庭组"图标；也可以在"控制面板"窗口通过"网络和共享中心"打开家庭组窗口，单击"创建家庭组"按钮，如图 2-41 所示。

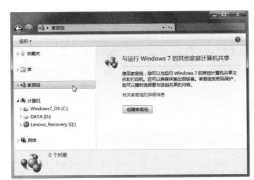
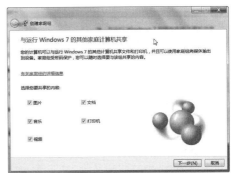

图 2-41　创建家庭组

② 选择要共享的内容，单击"下一步"按钮，如图 2-42 所示。

③ 记录下系统生成的随机密码，以备要加入家庭组的计算机使用，单击"完成"按钮。

加入家庭组的方法如下：

① 在要加入家庭组的计算机的资源管理器中单击导航窗格的"家庭组"图标，如图 2-43 所示。

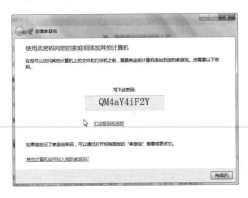
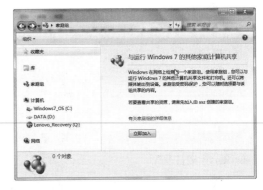

图 2-42　创建家庭组生成随机密码　　　　图 2-43　加入家庭组

② 单击"立即加入"按钮，选择要共享的内容，单击"下一步"按钮。

③ 输入创建家庭组时生成的密码，如图 2-44 所示，单击"下一步"按钮，稍等片刻，单击"完成"按钮。再次单击资源管理器中的"家庭组"图标，就可以看到家庭组中的其他成员，并能访问其中的资源，如图 2-45 所示。

图 2-44　输入创建家庭组时生成的密码　　　　图 2-45　通过家庭组访问资源

2.2.7　文件和文件夹操作

文件和文件夹操作在资源管理器和"计算机"窗口都可以完成。在执行文件或文件夹的操作前，要先选择操作对象，然后按自己熟悉的方法对文件或文件夹进行操作。文件或文件夹的操作一般有创建、重命名、复制、移动、删除、查找文件或文件夹，修改文件属性，创建文件的快捷操作方式等。这些操作可以用以下 6 种方式之一完成，以用户的操作习惯而定：

- 用菜单中的命令。
- 用工具栏中的命令按钮。
- 用该操作对象的快捷菜单。
- 在资源管理器和"计算机"窗口中拖动。
- 用菜单中的发送方式。
- 用组合键。

1. 选择文件或文件夹

在打开文件或文件夹之前应先将文件或文件夹选中，然后才能进行其他操作。

（1）选择单个文件或文件夹

选择单个的文件或文件夹的方法很简单，单击文件或文件夹即可；单击文件或文件夹前的复选框也可以选中文件或文件夹。

当选中单个的文件或文件夹时，该对象表现为高亮显示。

（2）选择多个文件或文件夹的操作

按住【Ctrl】键的同时单击，可以实现多个不连续文件（夹）的选择；按住【Shift】键的同时单击，可实现多个连续文件（夹）的选择。也可单击文件（夹）前的复选框进行多项选择。

2. 创建文件夹

如需要在 D 盘创建一个名为"管理信息"的文件夹，则有两种方法。

方法 1：

① 使用"计算机"或资源管理器打开 D 盘驱动器窗口。

② 在窗口的工具栏上单击"新建文件夹"按钮，如图 2-46 所示，就会在窗口中新建一个名为"新建文件夹"的文件夹。

③ 输入新文件夹的名字"管理信息"，按【Enter】键或单击其他地方确认即可。

方法 2：

① 使用"计算机"或"资源管理器"打开 D 盘驱动器窗口。

② 或者在窗口的空白处右击，从弹出的快捷菜单中选取"新建"→"文件夹"命令，在文件列表窗口的底部将出现一个名为"新建文件夹"的文件夹图标，如图 2-47 所示。

③ 输入新文件夹的名字"管理信息"，按【Enter】键或单击其他地方确认。

3. 创建"文本"文件

在"管理信息"文件夹中创建一个名为"程序"的文本文件，也有两种方法。

方法 1：执行系统新建文件命令。

① 打开某个硬盘分区的窗口（以 D 盘为例），选择要建立文本文件的位置"管理信息"文件夹后，选择"文件"→"新建"命令，在级联菜单中选择要新建的文件类型，这里选择"文本文

档"命令，如图 2-48 所示。

图 2-46　单击"新建文件夹"按钮

图 2-47　创建新文件夹

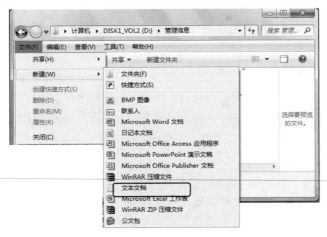

图 2-48　使用菜单命令新建文本文件

② 系统执行新建文件命令，并将文件新建在执行命令的位置。

提示：也可以在当前窗口的工作区空白处右击，在弹出的快捷菜单中选择相应命令。

方法 2：利用"记事本"程序来建立新的记事本文件。

选择"开始"→"所有程序"→"附件"→"记事本"命令，启动记事本程序窗口，如图 2-49 所示。下面介绍一些"记事本"的基本操作。

选择"文件"→"新建"命令，可新建文件。如果正在编辑的文件还未保存的情况下就新建文件，则会提示是否对当前文件进行保存。

编辑文件后，选择"文件"→"保存"或"另存为"命令，可以对文件进行保存。

如果是新建文件后第一次对文件进行保存，选择"保存"或"另存为"命令，都将弹出"另存为"对话框，如图 2-50 所示。从"保存在"下拉列表中选择保存的位置，从"保存类型"下拉列表中选择保存文件的类型，默认情况下为文本文档，而如果需要保存为其他类型的文件，则选择"所有文件"，然后在"文件名"文本框中输入保存的文件名和扩展名，例如"程序.txt"，再单击"保存"按钮。

当对一个已保存过的文件进行编辑，然后进行保存时，又分两种情况：

① 如果要保存为原来的文件，则选择"文件"→"保存"命令即可。

② 如果需要将编辑过的文件保存为其他的文件，则选择"文件"→"另存为"命令，将弹出"另存为"对话框，如图 2-50 所示。选择保存路径，输入保存文件名称和保存类型，确认无误后，单击"保存"按钮。

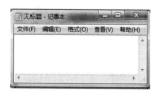

图 2-49　"记事本"窗口　　　　　　　　　　图 2-50　"另存为"对话框

4. 重命名文件或文件夹

更改文件（夹）名称的操作被称为重命名，用户可以根据工作需要对文件或文件夹进行重命名操作。例如将把文件夹"管理信息"更名为"管理信息备份"的方法如下：

① 右击需要修改名称的文件或文件夹，在弹出的快捷菜单中选择"重命名"命令，如图 2-51 所示。

② 在虚框内输入新文件名称，然后按【Enter】键即可重命名文件。

重命名文件夹的操作与重命名文件的操作一致，只是操作的对象是文件夹。

提示： 也可以在某个磁盘分区（如 D 盘）进行重命名操作，具体方法是在"计算机"窗口中右击"D 盘"，在弹出的快捷菜单中选择"重命名"命令，如图 2-52 所示。

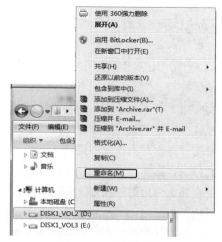

图 2-51　选择"重命名"命令　　　　　　　图 2-52　重命名磁盘

5. 复制文件或文件夹

利用"计算机"或资源管理器窗口都可以进行文件或文件夹的复制操作。例如，需要把文件夹"管理信息"复制到 E 驱动器中，有两种方法。

方法 1：使用资源管理器窗口复制。

① 打开资源管理器，在右窗格中选定文件夹"管理信息"。

② 右击，将选定文件夹拖动到资源管理器左侧窗格的"本地磁盘（E：）"上，出现图 2-53 所示的快捷菜单。

③ 如果执行移动操作可选择"移动到当前位置"命令，复制操作则选择"复制到当前位置"命令。此处选择"复制到当前位置"命令即可。

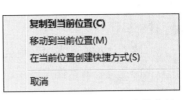

图 2-53 移动/复制文件快捷菜单

方法 2：通过复制、粘贴操作实现文件夹的复制。

① 单击需要复制的文件或文件夹，选择"编辑"→"复制"命令。

② 在目标窗口中，再选择"编辑"→"粘贴"命令。

提示： 也可以使用键盘进行操作。复制的快捷键是【Ctrl+C】，粘贴的快捷键是【Ctrl+V】。

6. 移动文件或文件夹

移动文件或文件夹和复制文件或文件夹的操作类似，但是移动文件或文件夹则是将原来位置的文件或文件夹移动到目标位置。移动文件或文件夹的主要方法也有两种。

方法 1：使用剪切、粘贴命令。

① 单击需要移动的文件或文件夹（如选择文件夹"管理信息"），选择"编辑"→"剪切"命令。

② 打开目标位置窗口（如选择驱动器 C），选择"编辑"→"粘贴"命令。

方法 2：使用"移动文件夹"命令。

① 单击需要移动的文件或文件夹，选择"编辑"→"移动到文件夹"命令，如图 2-54 所示。

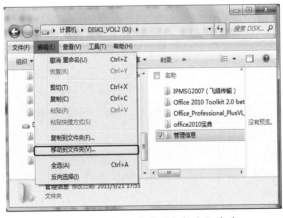

图 2-54 选择"移动到文件夹"命令

② 在弹出的"移动项目"对话框中，选择目标位置，单击"移动"按钮即可。

7. 删除文件或文件夹

当不再需要某个文件或文件夹时，可以将其删除，以释放出更多的磁盘空间来存放其他文件或文件夹。在 Windows 7 操作系统中，从硬盘中删除的文件或文件夹被移动到"回收站"中，当用户确定不再需要时，可以将其彻底删除。

删除文件或文件夹的方法很多：一是选择要删除的文件或文件夹（如文件夹"管理信息"），

按【Delete】键；二是选择要删除的文件或文件夹，直接拖动至桌面的"回收站"图标；三是右击需要删除的文件或文件夹，利用快捷菜单中的"删除"命令进行操作。

8. 还原文件或文件夹

删除文件或文件夹时难免会出现误删操作，这时可以利用"回收站"的还原功能将文件还原到原来的位置，即文件在删除之前保存的位置，以减少损失，只有从硬盘被删除的文件才会被操作系统放置到回收站。

① 双击桌面上的"回收站"图标，打开"回收站"窗口。

② 右击需要还原的文件，在弹出的快捷菜单中选择"还原"命令，如图 2-55 所示，文件会被还原到删除前的位置。

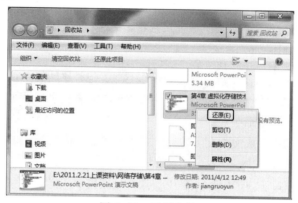

图 2-55　还原文件

9. 隐藏文件或文件夹

（1）隐藏文件或文件夹

对于存放在计算机中的一些重要文件，可以将其隐藏起来以增加安全性。以隐藏文件为例，具体步骤如下：

① 右击需要隐藏的文件，在弹出的快捷菜单中选择"属性"命令，如图 2-56 所示。

② 在弹出的对话框中，选择"隐藏"复选框，单击"确定"按钮，如图 2-57 所示。

图 2-56　查看文件属性

图 2-57　设置文件隐藏

③ 返回文件夹窗口后，该文件已经被隐藏。

（2）在文件夹选项中设置不显示隐藏文件

在文件夹窗口中单击工具栏上的"组织"按钮，从弹出的下拉列表中选择"文件夹和搜索选项"选项，如图 2-58 所示。

弹出"文件夹选项"对话框，切换到"查看"选项卡，在"高级设置"列表框中选择"不显示隐藏的文件、文件夹或驱动器"单选按钮，如图 2-59 所示。单击"确定"按钮，即可隐藏所有设置为隐藏属性的文件、文件夹以及驱动器。

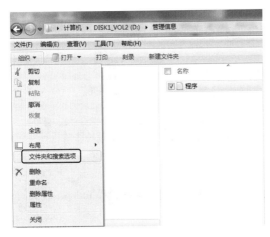 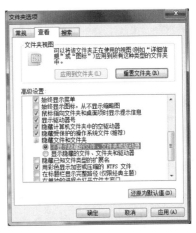

图 2-58　"组织"下拉列表　　　　图 2-59　"文件夹选项"对话框

10. 查找文件和文件夹

Windows 7 操作系统中提供了查找文件和文件夹的多种方法，在不同的情况下可以使用不同的方法。

（1）使用"开始"菜单上的搜索框

可以使用"开始"菜单上的搜索框来查找存储在计算机上的文件、文件夹、程序和电子邮件等。单击"开始"按钮，在"开始"菜单中的搜索框中输入想要查找的信息，如图 2-60 所示。

例如，想要查找计算机中所有关于图像的信息，在文本框中输入"图片"，与所输入文本框相匹配的项都会显示在"开始"菜单上。

（2）使用文件夹或库中的搜索框

搜索框位于每个文件夹或库窗口的顶部，它根据输入的文本筛选当前的视图。在库中，搜索包括库中包含的所有文件夹及这些文件夹中所包含的子文件夹。

例如，在"图片"库中查找关于"图片"的相关资料，具体步骤如下：

① 打开"图片"库窗口。

② 在"图片库"窗口顶部的搜索框中输入要查找的内容，输入"图片"，如图 2-61 所示。

③ 输入完毕系统自动对视图进行筛选，可以看到在窗口下方列出了所有关于"图片"信息的文件。

单击搜索框中的空白输入区，激活筛选搜索界面，其中提供了"修改日期"和"大小"两项，可以设置根据文件修改日期和大小对文件进行搜索操作。

图 2-60　使用"开始"菜单中的搜索框　　　　图 2-61　使用文件夹或库中的搜索框

11. 加密文件和文件夹

对文件或文件夹加密，可以有效地保护它们免受未经许可的访问。加密是 Windows 提供的用于保护信息安全的最强保护措施。

（1）加密文件和文件夹

加密文件和文件夹的具体步骤如下：

① 选中要加密的文件和文件夹并右击，从弹出的快捷菜单中选择"属性"命令。

② 弹出相应文件（夹）属性对话框，切换到"常规"选项卡，如图 2-62 所示。

③ 单击"高级"按钮，弹出"高级属性"对话框，选择"压缩或加密属性"组合框中的"加密内容以便保护数据"复选框，如图 2-63 所示。

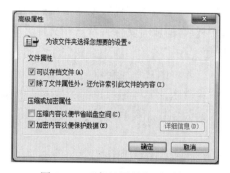

图 2-62　"常规"选项卡　　　　　　　　图 2-63　"高级属性"对话框

④　单击"确定"按钮，返回属性对话框，接着单击"确定"按钮，弹出"加密警告"对话框，如图 2-64 所示。选择是"加密文件及其父文件夹"或者"只加密文件"中的一项，此处选择"加密文件及其父文件夹"单选按钮。

⑤　单击"确定"按钮，此时开始对所选的文件夹进行加密。

完成加密后，可以看到被加密的文件夹的名称已经呈现绿色显示，表明文件夹已经被成功加密。

（2）解密文件和文件夹

如果想要恢复加密的文件或文件夹，具体步骤如下：

①　选择要解密的文件或文件夹并右击，从弹出的快捷菜单中选择"属性"命令。

②　弹出相应的属性对话框，切换到"常规"选项卡，如图 2-62 所示。

③　单击"高级"按钮，弹出"高级属性"对话框，取消"压缩或加密属性"组合框中"加密内容以便保护数据"复选框的选中状态。

④　单击"确定"按钮，返回属性对话框，接着单击"确定"按钮，弹出"确认属性更改"对话框，如图 2-65 所示。选择"仅将更改应用于此文件夹"或者"将更改应用于此文件夹、子文件夹和文件"中的一项，这里选择"将更改应用于此文件夹、子文件夹和文件"单选按钮。

⑤　单击"确认"按钮，此时开始对所选的文件夹进行加密。

⑥　完成解密后，可以看到文件夹的名称已经恢复为未加密状态，表明文件夹已经被成功解密。

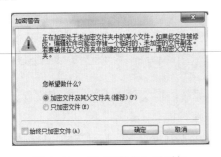

图 2-64　"加密警告"对话框

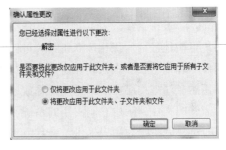

图 2-65　"确认属性更改"对话框

12. 创建桌面快捷方式

①　右击需要创建快捷方式的对象，在弹出的快捷菜单中选择"发送到"→"桌面快捷方式"命令。

②　系统执行该命令后桌面上即出现快捷方式图标。

2.2.8　回收站

当用户删除硬盘中的文件或文件夹时，一般情况下那些文件并没有真正从计算机中彻底删除，而是被放到回收站中。如果发现了误删文件，就可以从回收站中将其还原。而确定真正需要从计算机中彻底删除放置在回收站中的文件，就需要清空回收站。

从回收站将被删除的文件还原的方法是：打开"回收站"窗口，选择需要还原的文件或文件夹，单击窗口左边的"还原"按钮，或者从右键菜单中选择"还原"命令，如图 2-66 所示，都可以将选定的文件或文件夹还原到它们被删除以前所在的位置。

图 2-66　还原被删除的文件

　　要将回收站中的内容真正从计算机中删除，可以从桌面上右击"回收站"图标，从弹出菜单中选择"清空回收站"命令。也可以打开"回收站"窗口，单击"清空回收站"按钮。

　　"回收站"是硬盘上的一片特定的区域，即一个特殊的文件夹，硬盘的每个分区都有一个"回收站"，如果没有特殊设定，每个分区的"回收站"大小一样，每个分区的"回收站"的最大容量是驱动器容量的 10%，用户也可以自行调整其容量。

2.3　磁　盘　管　理

　　Windows 操作系统版本不断更新，伴随而来的是操作系统的"臃肿"和运行的缓慢，如何才能让系统更快地运行？优化计算机系统可以实现这个目标。系统优化包括定期清理磁盘、定期整理磁盘碎片和使用系统优化软件对系统进行优化。

　　使用磁盘清理程序可以帮助用户释放硬盘空间，删除系统临时文件、Internet 临时文件，安全删除不需要的文件，减少它们占用的系统资源，以提高系统性能。

　　Windows 7 系统为用户提供了磁盘清理工具。使用这个工具可以删除临时文件，释放磁盘上的可用空间。

2.3.1　格式化磁盘

　　在对磁盘进行分区后，第一件事就是对磁盘进行格式化。对新出厂的硬盘格式化，如同在一张白纸上打好格子，以备今后写字存储信息。对已经使用过的磁盘格式化，相当于把全部写好的信息统统抹掉，重新打好格子，这样磁盘上的所有信息和过去遗留的错误也会抹去，结果是相当于回到新盘的状态。

　　要格式化磁盘，在图 2-67 所示的"计算机"窗口中右击要格式化的磁盘，选择快捷菜单中的"格式化"命令，弹出"格式化移动磁盘"对话框，如图 2-68 所示。

　　如果选择"快速格式化"复选框，可以最快实现磁盘格式化操作，但将不检查并挑出坏的磁道，一般用于已知没有任何缺陷的磁盘。

　　如果不选择"快速格式化"复选框，则在格式化磁盘时还将对磁盘测试是否有局部损坏，对找出的损坏将做标记，标记的目的是使以后在使用磁盘时不占用这些损坏的空间，以保证磁盘始终能正确保存信息。

图 2-67　"格式化"快捷菜单

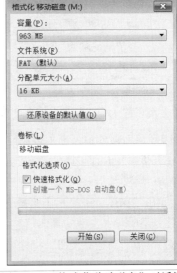

图 2-68　"格式化移动磁盘"对话框

建议：如果磁盘经常出现不正常的情况，强烈建议不选择"快速格式化"复选框，虽然格式化过程会消耗较多的时间，但是对保证以后正常使用磁盘非常有益。

单击"开始"按钮即开始格式化，弹出图 2-69 所示的警告提示，单击"确定"按钮将真正开始格式化。格式化完毕后弹出格式化完毕信息，此处省略不再赘述。

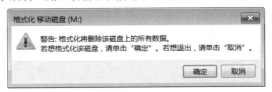

图 2-69　"格式化移动磁盘"警告框

2.3.2　磁盘清理

清理磁盘即删除某个驱动器上旧的或不需要的文件，释放一定的空间，从而起到提高计算机运行速度的效果。

清理磁盘的具体步骤如下：

① 单击"开始"按钮，选择"所有程序"→"附件"→"系统工具"→"磁盘清理"命令。

② 弹出"驱动器选择"对话框，如图 2-70 所示。

③ 选择要进行清理的驱动器，然后单击"确定"按钮，系统将会进行先期计算，同时弹出图 2-71 所示的对话框，这时用户还可以取消磁盘清理的操作。计算完成后，进入该驱动器的"磁

盘清理"对话框，如图 2-72 所示。

图 2-70　"选择驱动器"对话框

图 2-72　"磁盘清理"对话框

图 2-71　计算可释放空间

④ 在该对话框中列出了可删除的文件类型及其所占用的磁盘空间，选择某文件类型前的复选框，在进行清理时即可删除；在"占用磁盘空间总数"信息中显示了删除所有选择文件类型后可得到的磁盘空间。

⑤ 在"描述"中显示了当前选择的文件类型的描述信息，单击"查看文件"按钮，可查看该文件类型中包含文件的具体信息。

⑥ 单击"确定"按钮，将弹出"磁盘清理"确认删除提示框，如图 2-73 所示。单击"删除文件"按钮，弹出"磁盘清理"对话框，如图 2-74 所示。清理完毕后，该对话框将自动关闭。

图 2-73　"磁盘清理"确认删除提示框

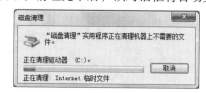

图 2-74　进行磁盘清理

2.3.3　磁盘碎片整理

使用"磁盘碎片整理程序"重新整理硬盘上的文件和使用空间，可达到提高程序运行速度的目的。

"文件碎片"表示一个文件存放到磁盘上不连续的区域。当文件碎片很多时，从硬盘存取文件的速度将会变慢。

磁盘碎片整理具体步骤如下：

① 单击"开始"按钮，选择"所有程序"→"附件"→"系统工具"→"磁盘碎片整理程序"命令，打开"磁盘碎片整理程序"对话框，如图 2-75 所示。

提示：一般进行磁盘碎片整理时，应先对磁盘进行分析，碎片百分比较高时进行碎片整理比较有效。也可直接进行磁盘碎片整理。

② 在列表框中选择需要整理的磁盘。

③ 单击"磁盘碎片整理"按钮，即开始磁盘整理。

图 2-75　"磁盘碎片整理程序"对话框

2.4　系统设置与维护

　　用户可以按照自己的习惯配置 Windows 7 的系统环境,这些操作都集中在"控制面板"中,Windows 7 的"控制面板"和原来相比增加了许多设置选项。选择"开始"→"控制面板"命令,打开"控制面板"窗口,如图 2-76 所示。

图 2-76　"控制面板"窗口

2.4.1　美化桌面

　　单击图 2-76 中"外观和个性化"分类下方的"更改主题"超链接,或者右击桌面空白处,在弹出的快捷菜单中选择"个性化"命令，弹出图 2-77 所示的窗口。单击窗口中的可选主题，可以更改桌面背景、窗口颜色和系统声音等；单击窗口下方的"桌面背景"超链接，可以在选定主题提供的壁纸中选择喜欢的壁纸让 Windows 自动更换，更换时间可以自行设定。

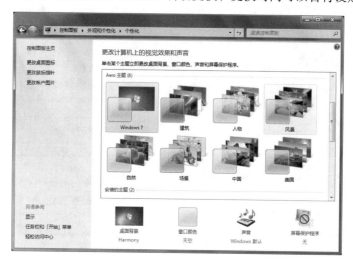

图 2-77 "个性化"窗口

系统提供的不同的 Aero 主题各自有不同的窗口颜色，用户还可以进一步更改，使其更加个性化。设置方法如下：在图 2-77 中单击"窗口颜色"超链接，打开"窗口颜色和外观"窗口，如图 2-78 所示。可以其中的某种颜色作为窗口边框、"开始"菜单和任务栏的颜色，并且可以对选中的颜色做进一步的调节，如颜色浓度、色调、饱和度和亮度等。

图 2-78 "窗口颜色和外观"窗口

2.4.2 添加或删除程序

很多软件在设计时就考虑到用户将来要卸载软件的问题，为此安装完该软件后即可在"开始"

菜单中看到卸载该软件的命令。

例如，要卸载已经安装的"暴风影音 5"软件，可选择"开始"→"所有程序"→"暴风影音 5"→"卸载暴风影音 5"命令，如图 2-79 所示。

如果在"开始"菜单中找不到卸载某个软件的命令，就应通过控制面板中的"卸载程序"实现删除软件。操作步骤如下：

① 打开"控制面板"窗口，单击"程序"超链接，打开"程序"窗口，如图 2-80 所示，然后单击"程序和功能"下面的"卸载程序"超链接。

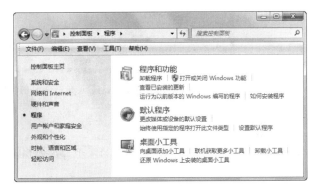

图 2-79　卸载暴风影音 5 操作过程　　　　　　　图 2-80　"程序"窗口

② 打开"程序和功能"窗口（见图 2-81），例如选中一个要卸载的软件"搜狗高速浏览器 2.0.0.1070"，然后单击上面的"卸载/更改"超链接。

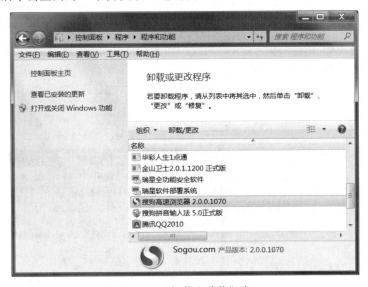

图 2-81　"卸载和功能"窗口

③ 弹出图 2-82 所示的"搜狗高速浏览器 2.0.0.1070 卸载"对话框，单击"解除安装"按钮即可开始卸载该软件。

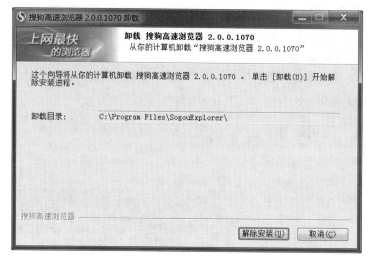

图 2-82   "搜狗高速浏览器 2.0.0.1070 卸载"对话框

2.4.3   设置系统日期和时间

如果计算机已经接入互联网，精确调整系统日期和时间的操作步
骤如下：

① 可以在图 2-76 的"控制面板"窗口的"时钟、语言和区域"
链接中找到修改系统日期和时间的入口，也可以右击任务栏最右边的
系统时钟，弹出图 2-83 的月历和时钟，单击"更改日期和时间设置"
按钮，弹出图 2-84 所示的"日期和时间"对话框。

② 在"Internet 时间"选项卡中单击"更改设置"按钮，弹出
图 2-85 所示的"Internet 时间设置"对话框。

图 2-83   月历和时钟

图 2-84   "日期和时间"对话框

图 2-85   "Internet 时间设置"对话框

③ 选择"与 Internet 时间服务器同步"复选框，然后在"服务器"下拉列表中选择"time.windows.
com"，单击"立即更新"按钮。

④ 稍后即可见到对话框中显示同步成功的文字提示，单击"确定"按钮，然后依次关闭上述打开的对话框即可。

2.4.4　用户账户

Windows 7 允许用设置和使用多个账户，其中包括系统内置的 Administrator（管理员）、Guest（来宾）以及用户自己添加的账户。Windows 7 采用了用户账户控制（UAC）功能，可以在程序做出需要管理员级别权限的更改时通知用户，从而保证计算机的安全。

系统内置的 Administrator 管理员账户具有最高的权限等级，拥有系统的完全控制权限。

用户自行创建的管理员权限账户在用户账户控制机制保护下默认运行标准权限，这样可以有效阻止恶意程序随意调用管理员权限执行对系统有害的操作。

系统内置的 Guest 账户供临时用户使用，权限受到进一步限制，只能正常使用常规的应用程序而无法对系统设置进行更改。

默认情况下，Administrator 账户和 Guest 账户都处于未启用状态。

要对 Windows 7 进行账户设置可以单击"开始"菜单中的用户账户图标，打开"用户账户"窗口，如图 2-86 所示。

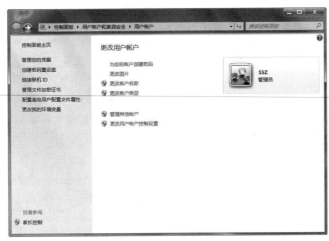

图 2-86　"用户账户"窗口

1. 创建新账户

单击"管理其他账户"超链接，然后单击"创建一个新账户"超链接，如图 2-87 所示；输入账户名称，例如 abc，选择账户权限，单击"创建账户"按钮，如图 2-88 所示，完成账户创建。

2. 更改账户类型

如果要更改创建的账户的权限类型，必须登录一个具有管理员权限的账户进行。

打开"管理账户"窗口，如图 2-88 所示。

单击账户"abc"，然后单击"更改账户类型"，打开图 2-89 所示的窗口，选择"管理员"单选按钮，然后单击"更改账户类型"按钮，完成更改。

从图 2-88 中，还可以进行账户的其他设置项，如更改账户名称、创建或更改密码、更改图片、设置家长控制等。

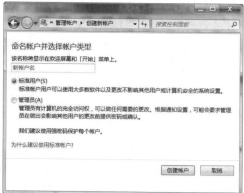

图 2-87　创建账户

图 2-88　"管理账户"窗口　　　　　　　　图 2-89　"更改账户类型"窗口

本 章 小 结

　　计算机的操作系统是计算机系统中负责支撑应用程序运行环境以及用户操作环境的系统软件，同时也是计算机系统的核心。它提供对硬件的监管，对各种计算机资源（如内存、磁盘、处理器时间等）的管理以及面向应用程序的服务。

　　本章就操作系统最核心的内容进行介绍，简洁明了，包括操作系统的基本操作、文件管理、磁盘管理、系统设置与维护，Windows 7 操作系统的基本应用，并就其新功能进行了总括性介绍。对 Windows 7 的操作与应用环境有一定的了解，不仅能提供计算机的使用效率，同时也能大幅提升自己的工作效率。

　　操作系统的应用远不止本章所讲述的内容，在后面章节所讲到的计算机功能和应用的软件皆是以操作系统为平台开展应用的。

第3章 ┃ 计算机网络基础

【知识目标】

● 了解计算机网络的基本概念和因特网的基础知识。

● 了解 TCP/IP 协议的工作原理。

● 掌握网络应用中常见的概念,如域名、IP 地址、DNS 服务等。

【技能目标】

● 熟练掌握浏览器、电子邮件的使用和操作。

● 熟练掌握 ADSL、宽带和无线网接入技术。

计算机网络被应用于各个行业,包括电子银行、电子商务、现代化的企业管理、信息服务业等,不仅使分散在网络各处的计算机能共享网上的所有资源,并且为用户提供强有力的通信手段和尽可能完善的服务,从而极大地方便用户。因而,了解和掌握计算机网络及 Internet 的基本知识与应用,将为我们的学习、生活和工作带来便利。

本章不仅要求了解网络的基本概念,还要求掌握常用的网络应用方法与技巧。

3.1 计算机网络基础知识

计算机网络是以共享资源为主要目的,由地理位置不同的若干台具有独立功能的计算机通过传输媒体(或通信网络)互连起来,并在功能完善的网络软件(通信协议、通信软件、网络操作系统等)控制下进行通信的计算机通信系统。从这个定义出发,就涉及了很多有关网络的知识,下面介绍一些有关网络的最基本知识。

3.1.1 计算机网络的发展

在 20 世纪 50 年代中期,美国的半自动地面防空系统 SAGE 开始了计算机技术与通信技术相结合的尝试,在 SAGE 系统中把远程距离的雷达和其他测控设备的信息经由线路汇集至一台 IBM 计算机上进行集中处理与控制。世界上公认的、最成功的第一个远程计算机网络是在 1969 年,由美国高级研究计划署 ARPA 组织研制成功的。该网络称为 ARPANet,它就是现在 Internet 的前身。

随着计算机网络技术的蓬勃发展,计算机网络的发展大致可划分为 4 个阶段。

第一阶段:诞生阶段

20 世纪 60 年代中期之前的第一代计算机网络是以单个计算机为中心的远程联机系统。典型应用是由一台计算机和全美范围内 2 000 多个终端组成的飞机订票系统。终端是一台计算机的外围设备,包括显示器和键盘,无 CPU 和内存。随着远程终端的增多,在主机前增加了前端机(FEP)。当时，人们把计算机网络定义为"以传输信息为目的而连接起来，实现远程信息处理或进一步达到资源共享的系统"，但这样的通信系统已具备了网络的雏形。

第二阶段：形成阶段

20 世纪 60 年代中期至 70 年代的第二代计算机网络是以多个主机通过通信线路互连起来，为用户提供服务,兴起于 60 年代后期,典型代表是美国国防部高级研究计划局协助开发的 ARPANet。主机之间不是直接用线路相连，而是由接口报文处理机（IMP）转接后互连的。IMP 和它们之间互连的通信线路一起负责主机间的通信任务，构成了通信子网。通信子网互联的主机负责运行程序，提供资源共享，组成了资源子网。这个时期，网络概念为"以能够相互共享资源为目的互连起来的具有独立功能的计算机之集合体"，形成了计算机网络的基本概念。

第三阶段：互联互通阶段

20 世纪 70 年代末至 90 年代的第三代计算机网络是具有统一的网络体系结构并遵循国际标准的开放式和标准化的网络。ARPANet 兴起后，计算机网络发展迅猛，各大计算机公司相继推出自己的网络体系结构及实现这些结构的软硬件产品。由于没有统一的标准，不同厂商的产品之间互连很困难，人们迫切需要一种开放性的标准化实用网络环境，这样应运而生了两种国际通用的最重要的体系结构，即 TCP/IP 体系结构和国际标准化组织的 OSI 体系结构。

第四阶段：高速网络技术阶段

20 世纪 90 年代末至今的第四代计算机网络，由于局域网技术发展成熟，出现光纤及高速网络技术、多媒体网络、智能网络,整个网络就像一个对用户透明的大的计算机系统发展为以 Internet 为代表的互联网。

从计算机网络应用来看，网络应用系统将向更深和更宽的方向发展。

首先，Internet 信息服务将会得到更大发展。网上信息浏览、信息交换、资源共享等技术将进一步提高速度、扩大容量及增强信息的安全性。

其次，远程会议、远程教学、远程医疗、远程购物等应用将逐步从实验室走出，不再只是幻想。网络多媒体技术的应用已成为网络发展的热点话题。

3.1.2 计算机网络的组成和分类

下面来谈谈网络组成的部分，尤其是其中的物理组成部分。

1. 计算机网络组成

（1）计算机网络的逻辑组成

从计算机网络各组成部件的功能来看，各部件主要完成两种功能，即网络通信和资源共享。

网络系统以通信子网为中心，通信子网将一台主计算机的信息传送给另一台主计算机，它主要包括交换机、路由器、网桥、中继器、集线器、网卡和缆线等设备及相关软件。

资源子网处于网络的外围，提供网络资源和网络服务，它主要包括主机及其外设、服务器、工作站、网络打印机和其他外设及其相关软件。接入网络的普通计算机属于资源子网的一部分，它通过高速通信线路与通信子网的通信控制处理机相连。

（2）计算机网络的物理组成

计算机网络按物理结构可分为网络软件和网络硬件两部分。网络软件是支持网络运行、提高效益和开发网络资源的工具，而网络硬件对网络的性能起着决定性作用，它是网络运行的实体。

- 网络软件系统

网络操作系统软件：负责管理和调度计算机网络上的所有硬件和软件资源，使各个部分能够协调一致的工作。常见的网络操作系统有 Windows 2000 Server、Windows Server 2003/2008、UNIX、Linux 等。

网络通信协议：在网络通信中，为了能够使通信中的两台或多台计算机之间成功地发送和接收信息，必须制定并遵守互相都能接受的一些规则，这些规则的集合称为通信协议。常用的网络通信协议有 TCP/IP、SPX/IPX、NetBEUI 协议等。

网络工具软件：用来扩充网络操作系统功能的软件，如网络浏览器、网络下载软件、网络数据库管理系统等。

网络应用软件：基于计算机网络应用而开发出来的用户软件，如民航售票系统、远程物流管理软件、订单管理软件、酒店管理软件等。

- 网络硬件系统

网络服务器：负责对计算机网络进行管理和提供各种服务，有域服务器、数据库服务器、Web服务器、邮件服务器、FTP 服务器、打印服务器等。

网络工作站：一般采用微机；用户通过工作站来连接计算机网络，使用网络中的资源。

网络适配器：又称网卡，负责计算机主机与传输介质之间的连接、数据的发送与接收、介质访问控制方法的实现等。

网络传输介质：负责将各个独立的计算机系统连接在一起，并为它们提供数据通道。主要分为有线和无线传输介质两大类。

网络互连设备：有 5 种常见的网络互连设备。

中继器：是连接网络线路的一种装置，常用于两个网络结点之间物理信号的双向转发工作。主要功能是通过对数据信号的重新发送或者转发，来扩大网络传输的距离。

集线器：与网卡、网线等传输介质一样，属于局域网中的基础设备。集线器是一种不需任何软件支持或只需很少管理软件管理的硬件设备，被广泛应用到各种场合。

交换机：是一种在通信系统中完成信息交换功能的设备，如图 3-1 所示。主要功能包括物理编址、网络拓扑结构、错误校验、帧序列以及流控。目前的交换机还具备了一些新功能，如对虚拟局域网的支持、对链路汇聚的支持，甚至有的还具有防火墙的功能。

网桥：用于实现相似的局域网之间的连接，并对网络数据的流通进行管理。网桥不但能扩展网络的距离或范围，而且可提高网络的性能、可靠性和安全性。网桥可以将网络划分成多个网段，隔离出安全网段，防止其他网段内的用户非法访问。由于网络的分段，各网段的相对独立，一个网段的故障不会影响到另一个网段的运行。

路由器：是互联网的主要结点设备，用于实现局域网与广域网互连，如图 3-2 所示。路由器通过检测数据的目的地址，从而决定数据的转发。路由器使用专门的软件协议从逻辑上对整个网络进行划分。例如，一台支持 IP 协议的路由器可以把网络划分成多个子网段，只有指向特殊 IP地址的网络流量才可以通过路由器。因此，使用路由器转发和过滤数据的速度要比只查看数据包物理地址的交换机慢。但是，对于结构复杂的网络，使用路由器可以提高网络的整体效率。一般说来，异种网络互联与多个子网互联都采用路由器来完成。

图 3-1   交换机

图 3-2   路由器

2. 计算机网络的分类

计算机网络通常按照其规模大小和延伸距离远近（网络的地理位置）来分类，也可按其他方法分类。

（1）按网络的地理位置分类

① 个人网（Personal Area Network，PAN）。个人网指个人范围（随身携带或数米之内）的计算设备（如计算机、电话、PDA、数码照相机等）组成的通信网络。个人网即可用于这些设备之间互相交换数据，也可以用于连接到高层网络或互联网。个人网可以是有线的形式，例如 USB 或者 Firewire（IEEE 1394）总线，也可以是无线的形式，例如红外（IrDA）或蓝牙。

② 局域网（Local Area Network，LAN）。通常我们常见的 LAN 就是指局域网，这是最常见、应用最广的一种网络。现在局域网随着整个计算机网络技术的发展和提高得到了充分的应用和普及，几乎每个单位都有自己的局域网，甚至一些家庭中都有自己的小型局域网。很明显，所谓局域网，就是在局部地区范围内的网络，它所覆盖的地区范围较小。局域网在计算机数量配置上没有太多的限制，少的可以只有两台，多的可达几百台。一般来说在企业局域网中，工作站的数量在几十到 200 台。在网络所涉及的地理距离上一般来说可以是几米至 10 km。局域网一般位于一个建筑物或一个单位内，不存在寻径问题，不包括网络层的应用。

这种网络的特点是：连接范围窄、用户数少、配置容易、连接速率高。目前局域网最快的速率要算现今的 10 Gbit/s 以太网了。IEEE 的 802 标准委员会定义了多种主要的 LAN 网：以太网（Ethernet）、令牌环（Token Ring）网、光纤分布式接口网络（FDDI）、异步传输模式网（ATM）以及最新的无线局域网（WLAN）。

③ 城域网（Metropolitan Area Network，MAN）。这种网络一般来说是在一个城市，但不在同一地理小区范围内的计算机互连。这种网络的连接距离可以在 10～100 km，它采用的是 IEEE 802.6 标准。MAN 与 LAN 相比扩展的距离更长，连接的计算机数量更多，在地理范围上可以说是 LAN 网络的延伸。在一个大型城市或都市地区，一个 MAN 网络通常连接着多个 LAN 网。如连接政府机构的 LAN、医院的 LAN、电信的 LAN、公司企业的 LAN 等。由于光纤连接的引入，使 MAN 中高速的 LAN 互连成为可能。

城域网多采用 ATM 技术做骨干网。ATM 是一个用于数据、语音、视频以及多媒体应用程序的高速网络传输方法。ATM 包括一个接口和一个协议，该协议能够在一个常规的传输信道上，在比特率不变及变化的通信量之间进行切换。ATM 也包括硬件、软件以及与 ATM 协议标准一致的介质。ATM 提供一个可伸缩的主干基础设施，以便能够适应不同规模、速度以及寻址技术的网络。ATM 的最大缺点是成本太高，所以一般在政府城域网中应用，如邮政、银行、医院等。

④ 广域网（Wide Area Network，WAN）。这种网络也称为远程网，所覆盖的范围比城域网（MAN）更广，它一般是在不同城市之间的 LAN 或者 MAN 网络互连，地理范围可从几百千米到几千千米。因为距离较远，信息衰减比较严重，所以这种网络一般要租用专线，通过 IMP（接口信息处理）协议和线路连接起来，构成网状结构，解决循径问题。这种城域网因为所连接的用户多，总出口带宽有限，所以用户的终端连接速率一般较低，通常为 9.6 kbit/s～45 Mbit/s，如邮电部的 CHINANET、CHINAPAC 和 CHINADDN 网。

目前，局域网和广域网是网络的热点。局域网是组成城域网和广域网的基础，城域网一般都加入到广域网中。

（2）按网络的拓扑结构分类

① 总线拓扑结构。总线形拓扑结构通过一根传输线路将网络中所有结构连接起来，这根线路称为总线，如图 3-3 所示。网络中各结点都通过总线进行通信，在同一时刻只能允许一对结点占用总线通信。总线拓扑结构简单、易实现、易维护、易扩充，但故障检测比较困难。

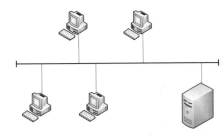

图 3-3　总线拓扑结构

② 环状拓扑结构。环状拓扑结构结点首尾相连形成一个闭合的环，环中的数据沿着一个方向绕环逐站传输。环状拓扑的抗故障性能较差，网络中的任意一个结点或一条传输介质出现故障都将导致整个网络的故障，如图 3-4 所示。

③ 星状拓扑结构。星状拓扑结构各结点都与中心结构连接，呈辐射状排列在中心结点周围，如图 3-5 所示。网络中任意两个结点的通信都要通过中心结点转接。单个结点的故障不会影响到网络的其他部分，但中心结点的故障会导致整个网络的瘫痪。

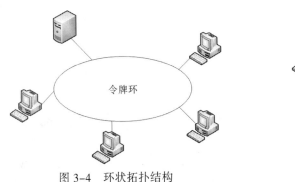

图 3-4　环状拓扑结构

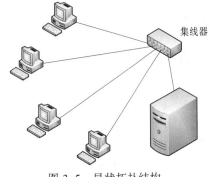

图 3-5　星状拓扑结构

④ 树状拓扑结构。树状拓扑结构由总线状拓扑结构演变而来，其结构图看上去像一棵倒挂的树，如图 3-6 所示。树最上端的结点叫根结点，一个结点发送信息时，根结点接收该信息并向全树广播。树状拓扑结构易于扩展与故障隔离，但对根结点依赖性太大。

⑤ 网状况拓扑结构。网状又称无规则形。在网状拓扑结构中，结点之间的连接是任意的，没有规律，如图 3-7 所示。网状拓扑的主要优点是系统可靠性高，但是结构复杂。目前实际存在和使用的广域网基本上都是采用网状拓扑结构。

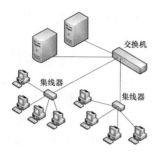

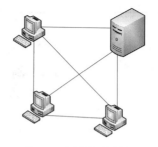

图 3-6　树状拓扑结构　　　　　图 3-7　网状拓扑结构

（3）按传输介质分类

① 有线网：采用同轴电缆和双绞线来连接的计算机网络。

② 光纤网：光纤网也是有线网的一种，它采用光导纤维作为传输介质。光纤传输距离长，传输率高，可达每秒数吉比特，抗干扰性强，不会受到电子监听设备的监听，是高安全性网络的理想选择。

③ 无线网：采用空气作为传输介质，用电磁波作为载体来传输数据。目前无线互联网费用较高，但由于连网方式灵活方便，是一种很有前途的连网方式。

（4）按通信方式分类

① 点对点传输网络：数据以点到点的方式在计算机或通信设备中传输。星状网、环状网采用这种传输方式。

② 广播式传输网络：数据在共用介质中传输。无线网和总线状网络属于这种类型。

（5）按网络实用的目的分类

① 共享资源网：使用者可共享网络中的各种资源，如文件、扫描仪、绘图仪、打印机以及各种服务。Internet是最典型的共享资源网。

② 数据处理网：用于处理数据的网络，如科学计算网络、企业经营管理网络。

③ 数据传输网：用来收集、交换、传输数据的网络，如情报检索网络等。

（6）按服务方式分类

① 客户机/服务器网络：是指专门提供服务的高性能计算机或专用设备，客户机是用户计算机。这是客户机向服务器发出请求并获得服务的一种网络形式，多台客户机可共享服务器提供各种资源。

② 对等网：不要求文件服务器，每台客户机都可以与其他客户机对话，共享彼此的信息资源和硬件资源，组网的计算机一般类型相同。

另外还有一些非正规的分类方法，如企业网、校园网，从名称即可理解这种网络的含义。

从不同的角度对网络有不同的分类特征。千兆以太网表示传输速率高达千兆的总线网络。了解网络的分类方法和类型特征，是熟悉网络技术的重要基础之一。

3.1.3　计算机网络的体系结构

通过通信信道和设备互连起来的多个不同地理位置的计算机系统，要使其能协同工作以实现信息交换和资源共享，它们之间必须高度协调工作才行，而这种"协调"是相当复杂的。当体系结构出现后，使得各种设备都能够很容易地互连成网。这有两个重要的知识模块，一个是网络协议，一个是体系结构。

1. 网络协议

计算机网络协议就是通信双方事先约定的通信规则的集合，即为进行计算机网络中的数据交换而建立的规则、标准或约定的集合。协议具体讲就是体系结构中具体的工作守则。

网络协议的 3 个要素如下：

① 语法：涉及数据及控制信息的格式、编码及信号电平等。

② 语义：涉及用于协调与差错处理的控制信息。

③ 时序：涉及速度匹配和排序等。

2. 体系结构

计算机网络系统是一个十分复杂的系统，所以，在 ARPANet 设计时，就提出了"分层"的思想，即将庞大而复杂的问题分为若干较小的易于处理的局部问题。这种结构化设计方法是工程设计中常用的手段，而分层是系统分解的最好方法之一，网络的体系结构就是采用了此方法。网络体系结构是计算机之间相互通信的层次，以及各层中的协议和层次之间接口的集合。

层次结构的划分，一般要遵循以下原则：

① 每层的功能应是明确的，并且是相互独立的。当某一层的具体实现方法更新时，只要保持上、下层的接口不变，便不会对邻层产生影响。

② 层间接口必须清晰，跨接口的信息量应尽可能少。

③ 层数适中。

一开始，各个公司都有自己的网络体系结构，这使得各公司自己生产的各种设备容易互连成网，有助于该公司垄断自己的产品。但是，随着社会的发展，不同网络体系结构的用户迫切要求能互相交换信息。为了使不同体系结构的计算机网络都能互连，国际标准化组织 ISO 于 1977 年成立专门机构研究此问题。1978 年 ISO 提出了"异种机连网标准"的框架结构，这就是著名的开放系统互连参考模型 OSI/RM（Open Systems Interconnection Reference Modle），简称 OSI。

OSI 得到了国际上的承认，成为其他各种计算机网络体系结构依照的标准，大大推动了计算机网络的发展。20 世纪 70 年代末到 80 年代初，出现了利用人造通信卫星进行中继的国际通信网络。网络互联技术不断成熟和完善，局域网和网络互连开始商品化。

3. OSI 模型

OSI 模型详细规定了网络需要实现的功能、实现这些功能的方法以及通信报文包的格式。下面通过 OSI 对网络要实现的所有功能的描述来了解这个模型。

OSI 模型把网络功能分成七大类，并从顶到底按照图 3-8 所示的层次排列起来。这种倒金字塔型的结构正好描述了数据发送前，在发送主机中被加工的过程。待发送的数据首先被应用层的程序加工，然后下放到下面一层继续加工。最后，数据被装配成数据帧，发送到网线上。

OSI 的 7 层协议是自下向上编号的，比如第 4 层是传输层。当我们说："出错重发是传输层的功能"时，也可以说："出错

图 3-8　OSI 模型的 7 层协议

重发是第四层的功能"。

当需要把一个数据文件发往另外一个主机之前,这个数据要经历这 7 层协议的每一层的加工。例如我们要把一封邮件发往服务器,当我们在 Outlook 软件中编辑完成,按发送键后,Outlook 软件就会把我们的邮件交给第 7 层中根据 POP3 或 SMTP 协议编写的程序。POP3 或 SMTP 程序按自己的协议整理数据格式,然后发给下面层的某个程序。每个层的程序(除了物理层,它是硬件电路和网线,不再加工数据)也都会对数据格式做一些加工,还会用报头的形式增加一些信息。例如我们知道传输层的 TCP 程序会把目标端口地址加到 TCP 报头中;网络层的 IP 程序会把目标 IP 地址加到 IP 报头中;链路层的 802.3 程序会把目标 MAC 地址装配到帧报头中。经过加工后的数据以帧的形式交给物理层,物理层的电路再以位流的形式发送数据到网络中。

接收方主机的过程是相反的。物理层接收到数据后,以相反的顺序遍历 OSI 的所有层,使接收方收到这个电子邮件。

数据在发送主机沿第 7 层向下传输时,每一层都会给它加上自己的报头。在接收方主机,每一层都会阅读对应的报头,拆除自己层的报头把数据传送给上一层。

下面用表的形式概述 OSI 在 7 层中规定的网络功能,如表 3-1 所示。

表 3-1　OSI 各层的功能

层　　级	功　能　规　定
第 7 层(应用层)	提供与用户应用程序的接口 port;为每一种应用的通信在报文上添加必要的信息
第 6 层(表示层)	定义数据的表示方法,使数据以可以理解的格式发送和读取
第 5 层(会话层)	提供网络会话的顺序控制;解释用户和机器名称也在该层完成
第 4 层(传输层)	提供端口地址寻址(tcp);建立、维护、拆除连接;流量控制;出错重发;数据分段
第 3 层(网络层)	提供 IP 地址寻址;支持网间互连的所有功能
第 2 层(数据链路层)	提供链路层地址(如 MAC 地址)寻址;介质访问控制(如以太网的总线争用技术);差错检测;控制数据的发送与接收
第 1 层(物理层)	提供建立计算机和网络之间通信所必须的硬件电路和传输介质

4. TCP/IP 协议

TCP/IP 协议是由美国国防部高级研究工程局(DARPA)开发的。美国军方委托的、不同企业开发的网络需要互连,可是各个网络的协议都不相同。为此,需要开发一套标准化的协议,使得这些网络可以互连。同时,要求以后的承包商竞标时遵循这一协议。在 TCP/IP 出现以前美国军方的网络系统的差异混乱,是由于其竞标体系造成的。所以 TCP/IP 出现以后,人们戏称为"低价竞标协议"。

TCP/IP 协议是互联网中使用的协议,现在几乎成了 Windows、UNIX、Linux 等操作系统中唯一的网络协议(微软似乎也在放弃它自己的 NetBEUI 协议)。也就是说,没有一个操作系统按照 OSI 协议的规定编写自己的网络系统软件,而都编写了 TCP/IP 协议要求编写的所有程序。

图 3-9 中列出了 OSI 模型和 TCP/IP 模型各层的英文名字。了解这些层的英文名是重要的。

TCP/IP 协议是一个协议集,它由十几个协议组成。从名字上可以看到其中的两个协议:TCP

协议和 IP 协议。

图 3-10 所示是 TCP/IP 协议集中各个协议之间的关系。

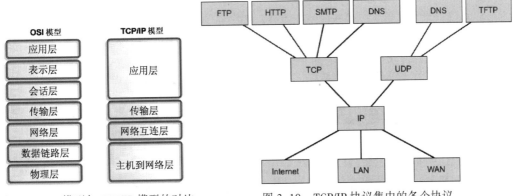

图 3-9　OSI 模型与 TCP/IP 模型的对比　　　　图 3-10　TCP/IP 协议集中的各个协议

TCP/IP 协议集给出了实现网络通信第三层以上的几乎所有协议，非常完整。今天，微软、HP、IBM、中软等几乎所有操作系统开发商都在自己的网络操作系统部分中实现 TCP/IP 协议，编写 TCP/IP 协议要求编写的每一个程序。

主要的 TCP/IP 协议有：

应用层：FTP、TFTP、Http、SMTP、POP3、SNMP、DNS、Telnet。

传输层：TCP、UDP。

网络层：IP、ARP（地址解析协议）、RARP（逆向地址解析协议）、（DHCP 动态 IP 地址分配）、ICMP（Internet Control Message Protocol）、RIP、IGRP、OSPF（属于路由协议）。

POP3、DHCP、IGRP、OSPF 虽然不是 TCP/IP 协议集的成员，但都是非常知名的网络协议。我们仍然把它们放到 TCP/IP 协议的层次中来，可以更清晰地了解网络协议的全貌。

TCP/IP 的主要应用层程序有 FTP、TFTP、SMTP、POP3、Telnet、DNS、SNMP、NFS。这些协议的功能其实从其名称上就可以看到。

FTP：文件传输协议。用于主机之间的文件交换。FTP 使用 TCP 协议进行数据传输，是一个可靠的、面向连接的文件传输协议。FTP 支持二进制文件和 ASCII 文件。

TFTP：简单文件传输协议。它比 FTP 简易，是一个非面向连接的协议，使用 UDP 进行传输。因此传送速度更快。该协议多用在局域网中，交换机和路由器这样的网络设备用它把自己的配置文件传输到主机上。

SMTP：简单邮件传输协议。

POP3：邮件传输协议。POP3 比 SMTP 更科学，微软等公司在编写操作系统的网络部分时，也在应用层编写了相应的程序。

Telnet：远程终端仿真协议。可以使一台主机远程登录到其他机器，成为那台远程主机的显示和键盘终端。由于交换机和路由器等网络设备都没有自己的显示器和键盘，为了对它们进行配置，就需要使用 Telnet。

DNS：域名解析协议。根据域名，解析出对应的 IP 地址。

SNMP：简单网络管理协议。网管工作站搜集、了解网络中交换机、路由器等设备的工作状态所使用的协议。

NFS：网络文件系统协议。允许网络上其他主机共享某机器目录的协议。

5．IEEE 802 标准

TCP/IP 没有对 OSI 模型最下面两层的实现。TCP/IP 协议主要是在网络操作系统中实现的。主机中应用层、传输层和网络层的任务由 TCP/IP 程序来完成，而主机 OSI 模型最下面两层数据链路层和物理层的功能则是由网卡制造厂商的程序和硬件电路来完成。

网络设备厂商在制造网卡、交换机、路由器时，其数据链路层和物理层的功能是依照 IEEE 制订的 802 规范，也没有按照 OSI 的具体协议开发。

IEEE 制定的 802 规范标准规定了数据链路层和物理层的功能如下：

物理地址寻址：发送方需要对数据包安装帧报头，将物理地址封装在帧报头中。接收方能够根据物理地址识别是否是发给自己的数据。

介质访问控制：如何使用共享传输介质，避免介质使用冲突。知名的局域网介质访问控制技术有以太网技术、令牌网技术、FDDI 技术等。

数据帧校验：数据帧在传输过程中是否受到了损坏，丢弃损坏了的帧。

数据的发送与接收：操作内存中的待发送数据向物理层电路中发送的过程。在接收方完成相反的操作。

IEEE 802 根据不同功能，有相应的协议规范，如标准以太网协议规范 802.3、无线局域网 WLAN 协议规范 802.11 等，统称为 IEEE 802x 标准。图 3-11 是 802 标准的模型。

如图 3-11 所示，802 标准把数据链路层又划分为两个子层：逻辑链路控制（Logical Link Control，LLC）子层和介质访问控制（Media Access Control，MAC）子层。LLC 子层的任务是提供网络层程序与链路层程序的接口，使得链路层主体 MAC 层的程序设计独立于网络层的具体某个协议程序。这样的设计是必要的。例如新的网络层协议出现时，只需要为这个新的网络层协议程序写出对应的 LLC 层接口程序，就可以使用已有的链路层程序，而不需要全部推翻过去的链路层程序。

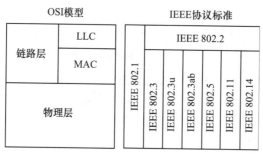

图 3-11　IEEE 802 协议的模型

MAC 层完成所有 OSI 对数据链路层要求完成的功能：物理地址寻址、介质访问控制、数据帧校验、数据发送与接收的控制。

IEEE 遵循 OSI 模型，也把数据链路层分为两层，设计出 IEEE 802.2 协议与 OSI 的 LLC 层对应，并完成完成相同的功能。

可见，IEEE 802.2 协议对应的程序是一个接口程序，提供了流行的网络层协议程序（IP、ARP、IPX、RIP 等）与数据链路层的接口，使网络层的设计成功地独立于数据链路层所涉及的网络拓扑结构、介质访问方式、物理寻址方式。

IEEE 802.1 有许多子协议，其中有些已经过时。但是新的 IEEE 802.1Q、IEEE 802.1D 协议（1998年）则是最流行的 VLAN 技术和 QoS 技术的设计标准规范。

IEEE 802x 的核心标准是十余个跨越 MAC 子层和物理层的设计规范，目前我们关注的是如下 8 个知名的规范：

IEEE 802.3：标准以太网标准规范，提供 10 兆位局域网的介质访问控制子层和物理层设计标准。

IEEE 802.3u：快速以太网标准规范，提供 100 兆位局域网的介质访问控制子层和物理层设计标准。

IEEE 802.3ab：吉位以太网标准规范，提供 1000 兆位局域网的介质访问控制子层和物理层设计标准。

IEEE 802.5：权标环网标准规范，提供权标环介质访问方式下的介质访问控制子层和物理层设计标准。

IEEE 802.11：无线局域网标准规范，提供 2.4 GB 微波波段 1～2 Mbit/s 低速 WLAN 的介质访问控制子层和物理层设计标准。

IEEE 802.11a：无线局域网标准规范，提供 5 GB 微波波段 54 Mbit/s 高速 WLAN 的介质访问控制子层和物理层设计标准。

IEEE 802.11b：无线局域网标准规范，提供 2.4 GB 微波波段 11 Mbit/s WLAN 的介质访问控制子层和物理层设计标准。

IEEE 802.11g：无线局域网标准规范，提供 IEEE 802.11a 和 IEEE 802.11b 的兼容标准。

IEEE 802.14：有线电视网标准规范，提供 Cable Modem 技术所涉及的介质访问控制子层和物理层设计标准。

在上述规范中，人们常忽略一些不常见的标准规范。尽管 802.5 权标环网标准规范描述的是一个停滞了的技术，但它是以太网技术的一个对立面，因此仍然将它列出，以强调以太网介质访问控制技术的特点。

另外一个曾经红极一时的数据链路层协议标准 FDDI 不是 IEEE 课题组开发的（从名称上能够看出它不是 IEEE 的成员），而是美国国家标准学会 ANSI 为双闭环光纤权标网开发的协议标准。

3.2　Internet 基础知识

Internet 是当今世界上最大的连接计算机的计算机网络通信系统，它因为是全球信息资源的公共网而受到用户的广泛使用。该系统拥有成千上万个数据库，所提供的信息包括文字、数据、图像、声音等形式，信息类型有软件、图书、报纸、杂志、档案等。其门类涉及政治、经济、科学、教育、法律、军事、物理、体育、医学等社会生活的各个领域。Internet 成为无数信息资源的总称，它是一个无级网络，不为某个人或某个组织所控制，人人都可参与，人人都可以交换信息，共享网上资源。

3.2.1　Internet 简介

1．Internet 的概念

Internet 是由 Interconnect 和 Network 两个词混合而成的，1995 年 10 月 24 日，美国联邦网络委员会（FNC）一致通过了一项提案，将 Internet 定义如下：

Internet 是一个全球性的信息系统，系统中的每台主机都有一个全球性唯一的主机地址，这个地址建立在 IP 协议或今后的其他协议的基础上。系统中主机与主机之间的通信遵守 TCP/IP，或是其他与 IP 协议兼容的协议标准来交换信息。在以上描述的信息基础设施上，利用公共网或专用网的形式，向社会大众提供资源和服务。

2．Internet 的起源与发展

Internet 是全世界最大的计算机网络，它起源于美国国防部高级研究计划局（ARPA）于 1968 年主持研制的计算机实验网 ARPANet。ARPANet 的设计与实现是基于这样的一种主导思想：网络要能经得住故障的考验而维持正常工作，当网络的一部分因受到攻击而失去作用时，网络的其他部分仍能维持正常通信。

1985 年，当时美国国家科学基金（NSF）为鼓励大学与研究机构共享他们非常昂贵的 4 台计算机主机，希望通过计算机网络把各大学与研究机构的计算机与这些巨型计算机连接起来，他们决定利用 ARPANet 发展出来的称为 TCP/IP 的通信协议自己出资建立名叫 NSFNet 的广域网。由于美国国家科学基金的鼓励和资助，许多大学、政府资助的研究机构、私营的研究机构纷纷把自己局域网并入 NSFNet。这使 NSFNet 在 1986 年建成后取代 ARPANet 成为 Internet 的主干网。

NSFNet 对 Internet 的最大贡献是使 Internet 向全社会开放，而不像以前仅供计算机研究人员和政府机构使用。1989 年，MILNet（由 ARPANet 分离出来）实现和 NSFNet 链接后，就开始采用 Internet 这个名称。自此以后，其他部门的计算机网相继并入 Internet，ARPANet 则宣告解散。

20 世纪 90 年代，随着商业网络和大量商业公司进入 Internet，网上商业应用取得高速的发展，Internet 迅速普及和发展起来。

Internet 在我国起步较晚，其发展历程可以大致划分为 3 个阶段。第一阶段为 1986 年 6 月至 1993 年 3 月的研究试验阶段。在此期间，中国一些科研部门和高等院校开始研究 Internet 连网技术，并开展了科研课题和科技合作工作。这个阶段的网络应用仅限于小范围内的电子邮件服务，而且仅为少数高等院校、研究机构提供电子邮件服务。第二阶段为 1994 年 4 月至 1996 年的起步阶段。1994 年 4 月，中关村地区教育与科研示范网络工程进入互联网，实现和 Internet 的 TCP/IP 链接，从而开通了 Internet 全功能服务。从此中国被国际上正式承认为有互联网的国家。之后，中国公用计算机互联网（CHINANet）、中国教育和科研计算机网（CERNet）、中国科学技术网络（CSTNet）、中国金桥信息网（CHINAGBN）等多个互联网络项目在全国范围相继启动，互联网开始进入公众生活，并在中国得到了迅速的发展。1996 年底，中国互联网用户已达 20 万，利用互联网开展的业务与应用逐步增多。第三阶段是从 1997 年至今的快速增长阶段。国内互联网用户基本保持每半年翻一番的增长速度。

现在 Internet 已发展为多元化，不仅仅单纯为科研服务，已进入日常生活的各个领域。

3．IP 地址

为了实现每台主机之间的正常通信，Internet 上的每台主机和路由器都有一个 IP 地址。IP 地

址由美国 Internet 信息中心（InterNIC）管理。如果想加入 Internet，就必须向 InterNIC 或当地的 NIC（如 CNNIC）申请一个 IP 地址。

IPv4 地址是由 32 位二进制数构成的，每个 IP 地址包含了网络号和主机号。Internet 上的任何两台主机不会有相同的 IP 地址。

在实际应用中，为了便于记忆和设置，采用 4 位 0～255 之间的数来表示 IP 地址，中间以"."号分隔，如 192.168.102.254 是一个正确的 IP 地址，而 192.168.253.1 是一个错误的 IP 地址，因为 256 超过了 255。

32 位的 IP 地址由两部分组成，如图 3-12 所示。

- 网络标识（Network ID）：标识主机连接到的网络的网络号。
- 主机标识（Host ID）：标识某网络内某主机的主机号。

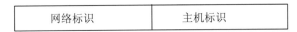

网络标识	主机标识

图 3-12　IP 地址的组成

网络按规模大小主要可分为 3 类，在 IP 地址中，由网络 ID 的前几位进行标识，分别被称为 A 类、B 类、C 类，如表 3-2 所示。另外，还有 2 类：D 类地址为网络广播使用，E 为地址保留为实验使用。

表 3-2　IP 地址的分类

类　型	网络 ID	第一字节	主机 ID	最大网络数	最大主机数
A 类	B1，且以 0 起始	1～127	B2 B3 B4	127	16 777 214
B 类	B1 B2，且以 10 起始	128～191	B3 B4	162 56	65 534
C 类	B1 B2 B3，且以 110 起始	192～223	B4	2 064 512	254

IP 地址规定，全为 0 或全为 1 的地址另有专门用途，不分配给用户。

- A 类地址：网络 ID 为 1 字节，其中第 1 位为"0"，可提供 127 个网络号；主机 ID 为 3 个字节，每个该类型的网络最多可有主机 16 777 214 台，用于大型网络。
- B 类地址：网络 ID 为 2 字节，其中前 2 位为"10"，可提供 16 256 个网络号；主机 ID 为 2 个字节，每个该类型的网络最多可有主机 65 534 台，用于中型网络。
- C 类地址：网络 ID 为 3 字节，其前 3 位为"110"，可提供 2 064 512 个网络号；主机 ID 为 1 字节，每个该类型的网络最多可有主机 254 台，用于较小型网络。

所有的 IP 地址都由 NIC 负责统一分配，目前全世界共有 3 个这样的网络信息中心：INTERNIC：负责美国及其他地区；ENIC：负责欧洲地区；APNIC：负责亚太地区。因此，我国申请 IP 地址要通过总部设在日本东京大学的 APNIC。用户在申请时要考虑 IP 地址的类型，然后再通过国内的代理机构提出申请。

IPv4（IP Version 4），即 IP 协议第 4 版，在其 32 位的地址空间中，约有 43 亿个地址可用。IPv6 采用 128 位的地址空间，字段与字段之间用冒号"："分隔，也已广泛使用。

注意：局域网内的计算机不能算作 Internet 上的。局域网内的计算机可以由网络管理员指派 IP 地址。

4. 域名

域名是 Internet 上的一个服务器或一个网络系统的名字。在互联网上，没有重复的域名。域名的形式是以若干个英文字母或数字组成，由"."分隔成几部分，如 www.aftvc.com 就是一个域名。域名的定义工作由域名系统（Domain Name System，DNS）完成，它把形象化的域名翻译成对应的 IP 地址。域名的登记工作由经过授权的注册中心进行，国际域名的申请由 InterNIC 及其他由 Internet 国际特别委员会（IAHC）授权的机构进行，在国内的域名注册申请工作由中国互联网信息中心（CNNIC）负责进行。

从结构来划分，总体上可把域名分成两类，一类称为"国际顶级域名"（简称"国际域名"），一类称为"国内域名"。一般国际域名的最后一个后缀是一些"国际通用域"，这些不同的后缀分别代表了不同的机构性质。例如，ac 表示科研机构；com 表示商业机构；net 表示网络服务机构；gov 表示政府机构；edu 表示教育机构；org 表示各种非营利性的机构。

国内域名的后缀通常要包括"国际通用域"和"顶级域"两部分，而且要以"顶级域"作为最后一个后缀。以 ISO 31660 为规范，各个国家或地区都有自己固定的顶级域。例如，cn 代表中国，jp 代表日本，us 代表美国，uk 代表英国。

例如，www.aftvc.com 就是一个国际顶级域名，而 www.sina.com.cn 就是一个中国国内域名。

3.2.2　浏览器及其设置

浏览器是安装在用户计算机上的 WWW 客户端软件。目前使用比较广泛的浏览器有 Microsoft Internet Explorer（IE）、Mozilla Firefox（火狐）等。下面简单介绍如何使用 IE 浏览器浏览网页，如图 3-13 所示。

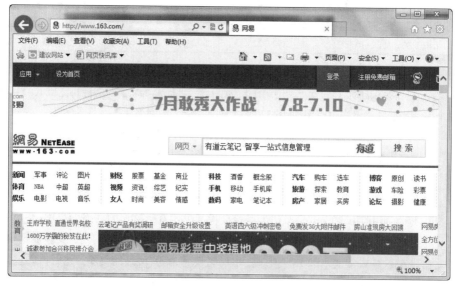

图 3-13　IE10 浏览器界面

1. Internet Explorer 窗口的组成

① 菜单栏：菜单栏包含"文件""编辑""查看""收藏""工具"和"帮助"6 个菜单，其中下拉菜单包含了 IE 所有的操作命令。

② 工具栏：工具栏包含了若干常用命令按钮，可快速执行常用 IE 操作命令。

③ 地址栏：地址栏用于显示当前页面的 URL 地址和输入要浏览的网站的 URL 地址。大多数网址以 http:// 开头，它是默认的传输协议，输入网址时可以省略，例如，"新浪网"主页的 URL 地址是 http://www.sina.com.cn，只要在地址栏中输入 www.sina.com.cn，然后按【Enter】键或者单击地址栏右边的"转到"按钮即打开网页。

④ Web 窗格：Web 窗格是 IE 窗口的浏览区，用于显示网页的内容。

⑤ 状态栏：状态栏中显示辅助信息，包括网络连接和网络下载的进度，链接指向的 Web 地址等内容。

2．使用浏览器的常用技巧

（1）浏览上一页

在刚开始打开浏览器时，"后退"和"前进"按钮都是灰色不可用状态。单击某个超链接打开一个新的网页时，"后退"按钮就会变成黑色可用状态。随着浏览时间的增加，用户浏览的网页也逐渐增多，需要查看刚才浏览的网页时，单击"后退"按钮，可返回上一网页继续浏览。

（2）浏览下一页

单击"后退"按钮后，可以发现"前进"按钮也由灰变黑，继续单击"后退"按钮，就依次回到在此之前浏览过的网页，直到"后退"按钮又变成灰色，表明已经无法再后退。此时如果单击"前进"按钮，就又会沿着原来浏览的顺序依次显示下一网页。

（3）刷新某个网页

如果长时间在网上浏览，较早浏览的网页可能已经被更新，特别是一些提供实时信息的网页，比如浏览的是一个有关股市行情的网页，可能这个网页的内容已经更新，为了得到最新的网页信息，可通过单击"刷新"按钮来实现网页的更新。

（4）停止某个网页的下载

在浏览过程中，如果发现网页过了很长时间还没有完全显示，可以通过单击"停止"按钮来停止对当前网页的载入。

（5）使用链接栏

如果用户需要经常访问某几个特定的站点，最好定制和使用自己的链接栏。这样当每次想要访问这几个特定的站点时，只需在链接栏上单击这个链接，就会像在浏览区单击超链接的结果一样，打开该链接所指向的网页，而无须每次都重复地在地址栏中输入地址信息。把当前浏览的网页添加到链接栏，只需将鼠标指针移动到浏览器窗口的地址栏，拖动网页地址到链接栏即可。

（6）使用收藏夹

可以将喜爱的网页添加到收藏夹中保存，以后就可以通过收藏夹快速访问自己喜欢的 Web 页或站点（功能相似于链接栏）。下面介绍将 Web 页添加到收藏夹的方法：

① 转到要添加到收藏夹列表的 Web 页。

② 选择"收藏"→"添加到收藏夹"命令，如图 3-14 所示。

③ 在弹出的"添加到收藏夹"对话框的"名称"文本框中输入该页的新名称，然后单击"确定"按钮。

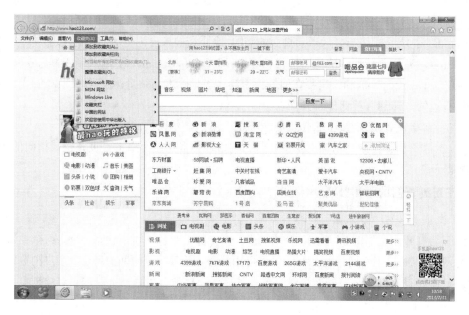

图 3-14　添加到收藏夹

（7）保存网页

在上网时我们经常会被一些网页的内容所吸引，为了便于随时浏览，可以将该网页存到硬盘中以便离线浏览。

选择"文件"→"另存为"命令，弹出"保存网页"对话框。选择保存网页的路径并输入网页名称后，在"保存类型"下拉列表中选择保存网页的类型，单击"保存"按钮，完成当前网页的保存。

网页的保存类型通常有如下 4 种：

① Web 页（全部），保存文件类型为*.htm 和*.html。按这种方式保存后会在保存的目录下生成一个 HTML 文件和一个文件夹，其中包含网页的全部信息。

② Web 档案（单一文件），保存文件类型为*.mht。按这种方式保存后只会存在单一文件，该文件包含网页的全部信息。它比前一种保存方式更易管理。

③ Web 页（仅 HTML 文档），保存文件类型为*.htm 和*.html。按这种方式保存的效果与第一种方式差不多，唯一不同的是它不包含网页中的图片信息，只有文字信息。

④ 文本文件，保存文件类型为*.txt。按这种方式保存后会生成一个单一的文本文件，不仅不包含网页中的图片信息，同时网页中文字的特殊效果也不存在。

（8）离线浏览

微软的 Internet Explorer 浏览器，在硬盘中开辟了一块缓冲区域，在其中存储了用户所浏览过的所有网页的信息。这块缓冲区就是前面讲过的临时文件夹。存在临时文件夹中的网页会根据设置保留一定时间后自动删除。离线浏览就是利用这一功能实现的。

在浏览器的主界面上进行离线浏览的具体操作步骤如下：

① 选择"文件"→"脱机工作"命令，此时该项前面有一个√号，表明该项被选中。

② 单击工具栏中的"历史"按钮，浏览器将分为两栏，左侧为所有访问过的网址。

③ 单击某一地址即可进行离线浏览。

（9）并行浏览

当用户在浏览当前网页时，带宽实际上被闲置，可以多打开几个窗口利用剩余的带宽下载其他网页。等用户看完当前页，又可以及时浏览下一页。但不可打开太多，具体打开多少窗口应根据内存的大小而定，否则不仅影响浏览速度，甚至会造成死机。

如果想多打开几个窗口，在单击链接的同时按住【Shift】键；或者选择"文件"→"新建窗口"命令；或者右击想访问的链接，在弹出的快捷菜单中选择"在新窗口中打开"命令。

3. 设置 IE 浏览器

一般情况下，用户在建立"连接"以后，基本上不需要什么配置即可上网浏览。但是浏览器的默认配置并非对每一个用户都适用。例如，某个用户在 Internet 的连接速度比较慢，当浏览网页时，并不想每次都下载体积庞大的图像和动画，这时就需要对浏览器进行一些手工配置，让它更好地工作。

（1）设置主页

主页是访问 WWW 站点的起始页，也是 WWW 用户可以看见的第一信息界面。连接到主页后，除了可以直接在主页了解到主页制作者的一般信息外，单击主页的超链接，还可以进入另外一个页面，进一步获取到更多的信息。Internet Explorer 浏览器默认的主页是 Microsoft 公司的页面，用户可以把自己访问最频繁的一个站点设置为用户的主页。这样，每次启动 Internet Explorer 时，该站点就会第一个显示出来，或者在单击工具栏中的"主页"按钮时立即显示。

更改主页的操作步骤如下：

① 选择"工具"→"Internet 选项"命令，弹出"Internet 选项"对话框，如图 3-15 所示。或者直接在桌面上右击 IE 浏览器图标，在弹出的快捷菜单中选择"属性"命令。

② 在"Internet 属性"对话框的"常规"选项卡中，在"主页"区域的地址文本框中输入希望更改的主页网址，如 http://www.baidu.com，然后单击"确定"按钮。这样，以后每次打开浏览器，第一个看到的页面即是"百度"的首页。

③ 在"常规"选项卡的"主页"框架中有 3 个按钮：

"使用当前页"：表示使用当前正在浏览的网页作为主页。

"使用默认页"：表示使用浏览器默认设置的 Microsoft 公司的网页作为主页。

"使用空白页"：表示不使用任何网页作为主页。

（2）配置临时文件夹

用户所浏览的网页存储在本地计算机中的一个临时文件夹中，当再次浏览时，浏览器会检查该文件夹中是否有这个文件，如果有，则浏览器将把该临时文件夹中的文件与源文件的日期属性进行比较，如果源文件已经更新，则下载整个网页，否则显示临时文件夹中的网页。这样可以提高浏览速度，而无须每次访问同一个网页时都重新下载。操作步骤如下：

① 选择"工具"→"Internet 选项"命令，弹出"Internet 选项"对话框。

② 在图 3-15 所示对话框的"常规"选项卡中单击"浏览历史记录"区域中的"设置"按钮，弹出图 3-16 所示的对话框。

③ 在该对话框中的"Internet 临时文件"区域中，通过改变"要使用的磁盘空间"的值来改变"Internet 临时文件"的大小。

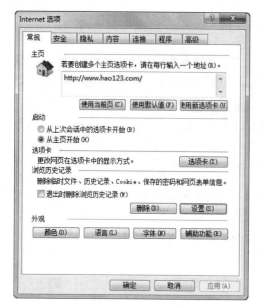

图 3-15 "Internet 选项"对话框

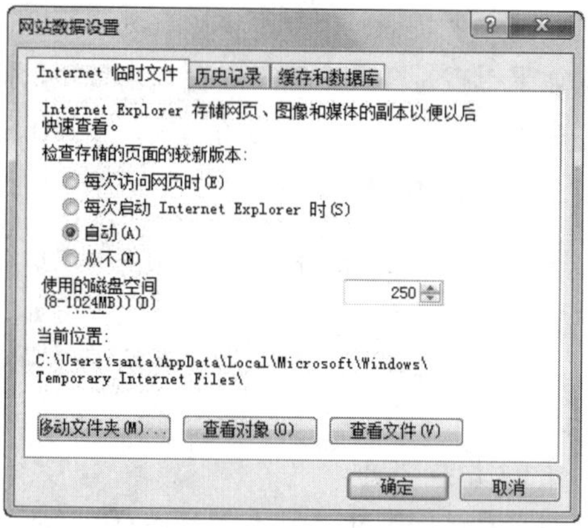

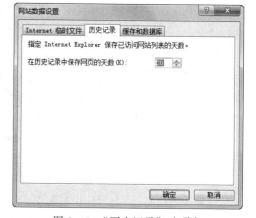

图 3-16 "网站数据设置"对话框

（3）设置历史记录

通过历史记录，用户可以快速访问已查看过的网页，也可以指定网页保存在历史记录中的天数，以及清除历史记录。

选择"工具"→"Internet 选项"命令，弹出"Internet 属性"对话框。在"常规"选项卡中，单击"浏览历史记录"区域中的"删除"按钮，可删除 Internet 临时文件、Cookie、历史记录、表单数据和密码。

单击"浏览历史记录"区域中的"设置"按钮，弹出图 3-17 所示的对话框。在"历史记录"选项卡中的"在历史记录中保存网页的天数"数值框中可以调整所要保留的天数。

图 3-17 "历史记录"选项卡

（4）安全性设置

现在的网页不只是静态的文本和图像，页面中还包含了一些 Java 小程序、Active X 控件及其他一些动态和用户交流信息的组件。如果这些组件以可执行的代码形式存在，则可以在用户的计算机上执行，它们使整个 Web 变得生动活泼。但是这些组件既然可以在用户的计算机上执行，就会产生潜在的危险性。如果这些代码是精心编写的网络病毒，那么危险就会发生。通过对 Internet Explorer 浏览器的安全性设置，基本可以解决这个问题。具体步骤如下：

① 选择"工具"→"Internet 选项"命令，弹出"Internet 属性"对话框，然后选择"安全"选项卡，如图 3-18 所示。

② 在 4 个不同区域中，选择要设置的区域。单击"默认级别"按钮会弹出滑块。

③ 在"该区域的安全级别"区域中调节滑块所在位置，将该 Internet 区域的安全级别设为高、中、低。

④ 单击"确定"按钮。

（5）快速显示要访问的网页

用户在初次访问某个网页时，最关心的是有没有自己需要的信息，常常希望能快速显示该网页。

选择"工具"→"Internet 选项"命令，在弹出的对话框中选择"高级"选项卡，如图 3-19 所示。

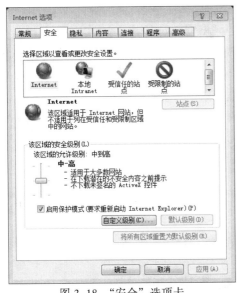

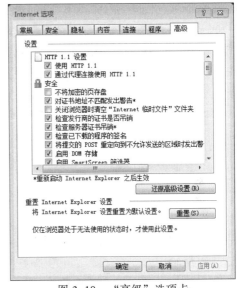

图 3-18　"安全"选项卡　　　　　　　　图 3-19　"高级"选项卡

在"设置"列表框中取消"显示图片""播放动画""播放视频"或"播放声音"等全部或部分复选框，然后单击"确定"按钮。

即使清除了"显示图片"或者"播放视频"复选框的选择，也可以通过右击相应图标，然后在弹出的快捷菜单中选择"显示图片"命令，以便在 Web 页上显示单幅图片或动画。当浏览新的网页时，就会发现页面只包含纯文本的信息，且网页下载的速度已大大提高，尤其是在网络传输速率较慢、信息拥挤时，其效果更为明显。

3.2.3　Internet 信息服务

1. 电子邮件简介

电子邮件又称电子信箱、电子邮政，它是一种用电子手段提供信息交换的通信方式。是 Internet 应用最广的服务：通过网络的电子邮件系统，用户可以用非常低廉的价格（不管发送到哪里，都只需负担电话费和网费即可），以非常快速的方式（几秒钟之内可以发送到世界上任何你指定的目的地），与世界上任何一个角落的网络用户联系，这些电子邮件可以是文字、图像、声音等各种方式。由于电子邮件使用简易、投递迅速、收费低廉，易于保存、全球畅通无阻而被广泛地应用，它使人们的交流方式得到了极大的改变。另外，电子邮件还可以进行一对多的邮件传递，同一邮件可以一次发送给许多人。最重要的是，电子邮件是整个网间网以至所有其他网络系统中直接面向人与人之间信息交流的系统，它的数据发送方和接收方都是人，所以极大地满足了大量存在的人与人通信的需求。

在选择电子邮件服务商之前要明白使用电子邮件的目的是什么，根据自己不同的目的有针对性地选择。下面介绍几种选择方法：

① 如果经常和国外的客户联系，建议使用国外的电子邮箱，如 Gmail、Hotmail、MSN mail、Yahoo mail 等。

② 如果是作为网络硬盘使用，经常存放一些图片资料等，就应该选择存储量大的邮箱，如 Gmail、Yahoo mail、网易 163mail、126mail、yeah mail、TOM mail、21CN mail 等都是不错的选择。

③ 如果自己有计算机，那么最好选择支持 POP/SMTP 协议的邮箱，可以通过 Outlook、foxmail 等邮件客户端软件将邮件下载到自己的硬盘上，这样就不用担心邮箱的大小不够用，同时还能避免别人窃取密码以后偷看信件。当然前提是不在服务器上保留副本，这么做主要是从安全角度考虑。

④ 如果经常需要收发一些大的附件，Gmail、Yahoo mail、Hotmail、MSN mail、网易 163 mail、126 mail、Yeah mail 等都能很好地满足要求。

使用 Foxmail 接收和发送电子邮件的具体操作如下：

（1）第一步，Foxmail 设置

① 打开 Foxmail。可以在"开始"菜单中找到 Foxmail 的快捷方式图标，启动 Foxmail，如图 3-20 所示。

② 添加邮件账户。单击窗口右上角的菜单图标，在弹出的菜单中选择"账户管理"命令，如图 3-20 所示。

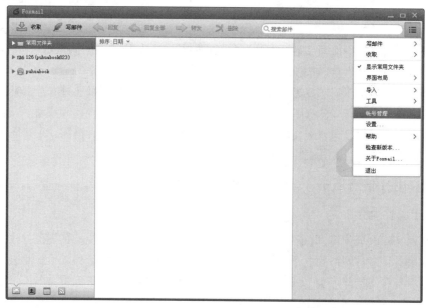

图 3-20　Foxmail 窗口

③ 弹出"系统设置"对话框，如图 3-21 所示，单击左下角的"新建"按钮，弹出"新建账号"对话框。

④ 在"新建账号"对话框中，输入 E-mail 地址和密码，然后单击"创建"按钮。

图 3-21　"系统设置"对话框

⑤ Foxmail 软件会自动检索并填写相关参数，如果不需要特别设置，会出现账号创建成功的界面，如图 3-22 所示。

⑥ 单击"完成"按钮，返回"系统设置"对话框，在"发信名称"文本框中设置发信名称，如图 3-23 所示。

图 3-22　账号创建成功的界面

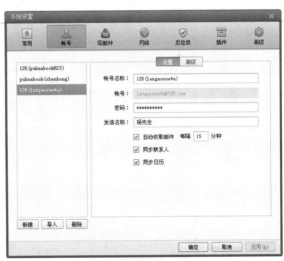

图 3-23　设置发信名称

⑦ 如果 Foxmail 无法自动检测到相关参数，或者其自动填写的参数是不正确的，可以单击"高级"选项卡，然后输入正确的 POP 和 SMTP 服务器地址和端口号，如图 3-24 所示。

⑧ 单击"确定"按钮，保存设置。

（2）第二步，设置发件服务器身份验证

① 在"系统设置"对话框中单击"账号"按钮，在对话框左边的列表中选中刚才添加的账号。

② 单击"发送服务器身份验证"下拉按钮，选择"和收件服务器相同"选项，如图 3-25 所示。

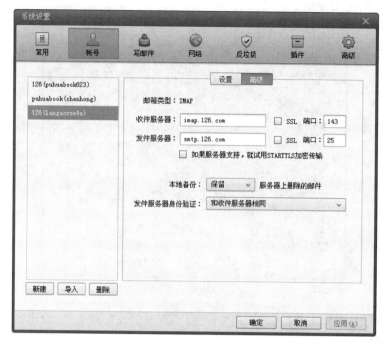

图 3-24　设置服务器地址和端口号

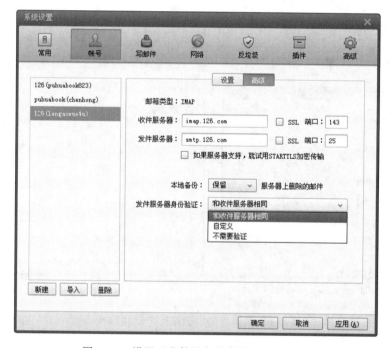

图 3-25　设置"发件服务器身份验证"选项

③ 单击"确定"按钮，设置成功。

（3）第三步，使用 Foxmail 写邮件

① 在 Foxmail 窗口中单击"写邮件"按钮，弹出"未命名-写邮件"窗口，如图 3-26 所示。

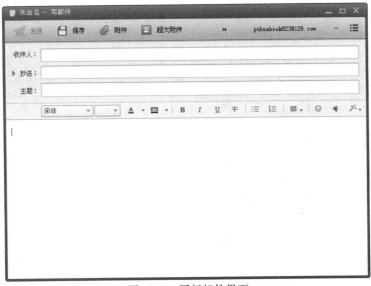

图 3-26 写新邮件界面

② 依次填写收件人，主题以及内容。

③ 单击窗口上方的"发送"按钮即可发出邮件。

2. 使用搜索引擎

Internet 上的信息浩如大海，要从众多信息中找出自己需要的信息，有一定难度。针对这种情况，聪明的 Internet 服务商开发出了搜索引擎，专门用于提供搜索信息的服务。目前，常用的搜索引擎有百度（www.baidu.com）、雅虎（cn.yahoo.com）、搜狗（www.sogou.com）等。

使用百度搜索引擎的具体操作如下：

① 启动 IE 浏览器。

② 打开百度搜索引擎。在 IE 浏览器的地址栏中输入 www.baidu.com，并按【Enter】键，打开百度搜索引擎首页，如图 3-27 所示。

图 3-27 百度搜索引擎首页

③ 输入关键字。在页面的输入框中输入要查找的关键字，如"计算机基础"，单击右边的"百度一下"按钮，就可以得到搜索引擎搜索到的有关"计算机基础"的全部网页，如图 3-28 所示。单击其中某个超链接的网页，即可浏览相应的网页内容。

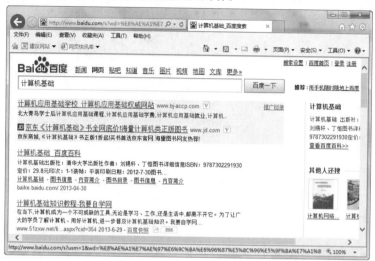

图 3-28　以"计算机基础"为关键字的搜索结果

说明：由于各个搜索引擎所使用的技术不同，相同的关键字在不同搜索引擎中可能会得到完全不同的结果。如果要尽可能广泛地搜索信息，得到更完整的检索结果，应当将多个搜索引擎综合使用。

3．关键字的使用

关键字是指描述一条信息的关键性词语。如"环保总局要求北京缓建垃圾焚烧发电项目"这段文字的关键字可提取为"环保总局""北京""垃圾焚烧发电"等。

关键字应尽量描述信息的基本特征。多数关键字都是名词，部分可以是动词、形容词和副词，极少使用介词等虚词作为关键字。

关键字的选择对信息检索的效率有很大影响。恰当的关键字可以帮助我们迅速准确地找到所需要的东西，而不恰当的关键字将耗费更多的时间和精力，甚至得到相反的结果。

4．在搜索引擎中使用检索格式

在前一个案例中，可以看到搜索引擎一共找到了一百多万篇关于"计算机基础"的网页，但在这些网页中，并不是所有的网页都有我们需要的信息，所以可以使用下列几种检索格式，对查询内容进行更严格的限制，获得更精确的检索结果：

① 关键字用双引号，如""计算机基础""，可查询完全符合"计算机基础"字符串的网页。

② 关键字前加 t:，如"t：计算机基础"，只在网站名称中查询。

③ 关键字前加 u:，如"u：计算机基础"，只在网站地址中查询。

④ 利用"+"限定关键字一定要出现在结果中。

⑤ 利用"−"限定关键字一定不要出现在结果中。

⑥ 关键字后加"*"，如"计算机基础*"，查找所有包含以计算机基础开头的网页。

如查询"计算机基础+教材"，就可以找到所有包含"计算机基础"和"教材"关键字。百度搜索引擎的搜索结果如图 3-29 所示。

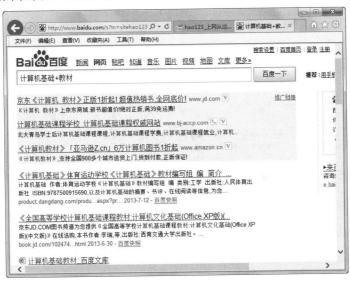

图 3-29　"计算机基础 + 教材"的搜索结果

知识链接

搜索引擎为使用者查找信息提供了极大的方便，用户只需输入几个关键词，任何想要的资料都会从世界各个角落汇集到用户的计算机中。下面以国内最大的搜索引擎"百度"为例来介绍搜索引擎的使用方法。百度网址为 http://www.baidu.com。

1. 搜索入门

（1）单关键词搜索

利用关键词搜索是搜索引擎普遍提供的功能，在百度搜索中搜索非常方便。在搜索框内输入需要查询的内容，按【Enter】键，或者单击搜索框右侧的"百度一下"按钮，即可得到符合查询需求的网页内容。

例如，用户需要查询计算机有关的信息，可以输入搜索关键词"计算机"，单击"百度一下"按钮，如图 3-30 所示。

图 3-30　百度搜索

搜索结果显示 57 400 000 篇，如图 3-31 所示。

图 3-31　搜索结果

（2）多关键词搜索

使用多个关键词语搜索可以提高命中率，使得搜索的结果更加符合用户的要求。例如，想了解计算机病毒相关信息，在搜索框中输入"计算机病毒"获得的搜索效果会比输入"计算机"得到的结果更好。如图 3-32 所示，在搜索结果中可看到显示 4 350 000 篇。

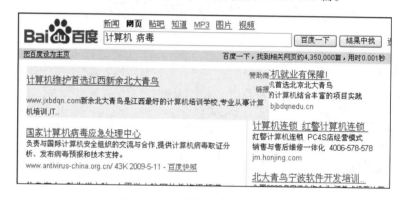

图 3-32　"计算机病毒"搜索结果

2. 高级搜索技巧

为了进一步提高搜索的命中率，就需要使用搜索语法，与计算机其他的语法一样，搜索语法是用来描述特定搜索要求的一种格式化的语句。下面简单介绍一些常用的语法。

（1）把搜索范围限定在网页标题中——intitle

网页标题通常是对网页内容提纲挈领式的归纳。把查询内容范围限定在网页标题中，有时能获得良好的效果。使用的方式是把查询内容中特别关键的部分用"intitle:"限定起来。例如，找电子商务物流方面的内容，就可以这样查询："电子商务 intitle：物流"。

注意："电子商务"和"intitle:"之间需要用空格分开，"intitle:"和后面的关键词之间，不要有空格，如图 3-33 所示。

（2）把搜索范围限定在特定站点中——site

有时候，用户如果知道某个站点中有自己需要找的东西，就可以把搜索范围限定在这个站点中，提高查询效率。使用的方式是在查询内容的后面加上"site:站点域名"。

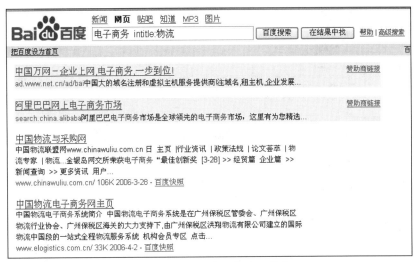

图 3-33　"电子商务物流"搜索

例如，在华军软件园，下载一个 Windows Media Player 的播放软件就可以这样查询："windows media player　site:onlinedown.com"。

注意：软件名称和"site："之间要用空格分开，"site："后面跟的站点域名，不要带"http://"；另外，"site："和站点名之间不要带空格，如图 3-34 所示。

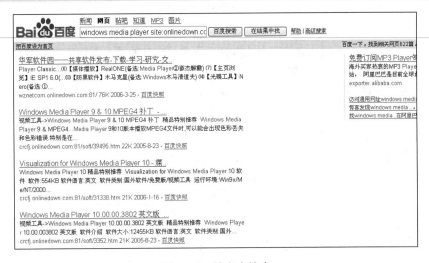

图 3-34　站点内搜索

（3）把搜索范围限定在 url 链接中——inurl

网页 url 中的某些信息，常常有某种有价值的含义。于是，用户如果对搜索结果的 url 做某种限定，就可以获得良好的效果。实现的方式是用"inurl："，后跟需要在 url 中出现的关键词。例如，找关于 Word 的使用技巧，可以这样查询："word　inurl:jiqiao"，上面这个查询串中的"word"，可以出现在网页的任何位置，而"jiqiao"则必须出现在网页 url 中。

注意：inurl: 语法和后面所跟的关键词不要有空格，如图 3-35 所示。

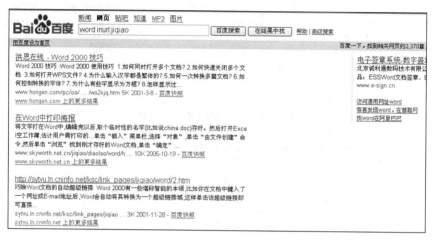

图 3-35　inurl 方式搜索

（4）精确匹配——双引号和书名号

如果输入的查询词很长，百度在经过分析后，给出的搜索结果中的查询词可能是拆分的。如果用户对这种情况不满意，可以尝试让百度不拆分查询词。给查询词加上双引号，就可以达到这种效果。例如，搜索"南昌大学"，如果不加双引号，搜索结果被拆分，效果不是很好，但加上双引号后，获得的结果便都是符合要求的。

书名号是百度独有的一个特殊查询语法。在其他搜索引擎中，书名号会被忽略，而在百度，中文书名号是可被查询的。加上书名号的查询词，有两层特殊功能：一是书名号会出现在搜索结果中；二是被书名号扩起来的内容，不会被拆分。书名号在某些情况下特别有效果，例如，查名字很通俗的电影或者小说。若查电影"手机"，如果不加书名号，很多情况下出来的是通信工具——手机，而加上书名号后，《手机》结果就都是关于电影方面的了。这里的双引号指的是汉字输入状态的双引号。

（5）要求搜索结果中不含特定查询词

如果用户发现搜索结果中有某一类网页是用户不希望看见的，而且这些网页都包含特定的关键词，那么用减号语法，就可以去除所有这些含有特定关键词的网页。例如，搜神雕侠侣。希望是关于武侠小说方面的内容，却发现很多关于电视剧方面的网页，那么就可以这样查询："神雕侠侣 – 电视剧"。

注意：前一个关键词和减号之间必须有空格，否则，减号会被当成连字符处理，而失去减号语法功能。减号和后一个关键词之间，有无空格均可。

3. 搜索小技巧

在进行搜索的过程中会出现一些很难处理的问题，此时可以用一些小技巧来弥补。

（1）拼音提示

如果只知道某个词的发音，却不知道怎么写，或者拼写输入太麻烦，该怎么办？百度拼音提示能帮用户解决问题。只要用户输入查询词的汉语拼音，百度就能把最符合要求的对应汉字提示出来。它事实上是一个无比强大的拼音输入法。拼音提示显示在搜索结果上方。例如，输入"zhoujielun"，提示如下："您要找的是不是: 周杰伦"。

（2）错别字提示

由于汉字输入法的局限性，我们在搜索时经常会输入一些错别字，导致搜索结果不佳。别担心，百度会给出错别字纠正提示。错别字提示显示在搜索结果上方。例如，输入"唐醋排骨"，提示如下："您要找的是不是：糖醋排骨"。

（3）英汉互译词典

随便输入一个英语单词，或者输入一个汉字词语，留意一下搜索框上方多出来的词典提示。例如，搜索"china"，单击结果页上的"词典"链接，就可以得到高质量的翻译结果。百度的线上词典不但能翻译普通的英语单词、词组、汉字词语，甚至还能翻译常见的成语，如图 3-36 所示。

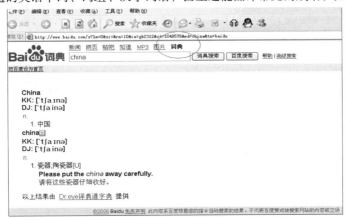

图 3-36　"百度"词典

（4）专业文档搜索

很多有价值的资料，在互联网上并非是普通的网页，而是以 Word、PowerPoint、PDF 等格式存在。百度支持对 Office 文档（包括 Word、Excel、PowerPoint）、Adobe PDF 文档、RTF 文档进行全文搜索。要搜索这类文档，很简单，在普通的查询词后面加"Filetype："文档类型限定。"Filetype："后可以跟以下文件格式：doc、xls、ppt、pdf、rtf、all。其中，all 表示搜索所有这些文件类型。例如，查找计算机网络基础方面的参考资料就可以输入"计算机网络基础 Filetype:doc"，单击结果标题，直接下载该文档，也可以单击标题后的"HTML 版"快速查看该文档的网页格式内容，如图 3-37 所示。

4. 电子公告牌服务

BBS（Bulletin Board Service，公告牌服务）是 Internet 上的一种电子信息服务系统。它提供一块公共电子白板，每个用户都可以在上面书写，可发布信息或提出看法。大部分 BBS 由教育机构、研究机构或商业机构管理。像日常生活中的黑板报一样，电子公告牌按不同的主题、分主题分成很多个布告栏，布告栏的设立依据是大多数 BBS 用户的要求和喜好。使用户可以阅读他人关于某个主题的最新看法（几秒前别人刚发布的观点），也可以将自己的想法贴到公告栏中。同样地，别人对你的观点的回应也是很快的（有时几秒后就可以看到别人对你的观点的看法）。如果需要私下交流，也可以将想说的话直接发到某个人的电子信箱中。如果想与正在使用 BBS 的某个人聊天，可以启动聊天程序，加入闲谈者的行列，虽然谈话的双方素不相识。在 BBS 中，人们之间的交流打破了空间、时间的限制。在与别人进行交往时，无须考虑年龄、学历、知识、社会地位、财富、外貌、健康状况，而这些条件往往是人们在其他交流形式中无可回避的。同样地，也无从知道对方的真实社会身份。这样，参与 BBS 的人可以处于一个平等的位置与其他人进行任何问题的探讨。这对于现有的所有其他交流方式来说是不可能的。

图 3-37   文件类型搜索

3.3 【案例 1】使用 ADSL 接入 Internet

已经申请到中国联通的 ADSL 业务，除得到登录的用户名和密码外，还免费领取一部网卡接口的 ADSL Modem 和分频器，现在需要将所使用的一台计算机接入 Internet。

案例分析

使用 ADSL 接入 Internet，首先需要完成 ADSL Modem 与电话、Modem 与计算机的连接。

完成线路连接后，使用"网络和共享中心"中的"设置新的连接或网络"功能，输入用户名、密码等信息，创建连接。

这种连接方式对应向导中的"宽带（PPPoE）"类型。

实施过程

① 准备好电话连接线，完成如下操作：

a. 连接分频器：将电话线从电话机接口中拔出，将其插入分频器的"LINE"接口。

b. 连接电话机：使用电话线将电话机连接至分频器的"PHONE"接口。

c. 连接 ADSL Modem：使用电话线将 ADSL Modem 的 DSL 端口连接至分频器的"MODEM"接口，如图 3-38 所示。

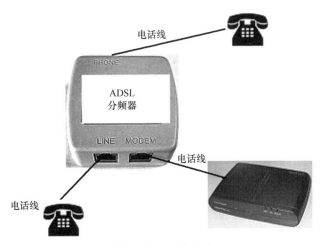

图 3-38　线路连接

② 完成 ADSL Modem 与计算机的连接：首先要确保计算机上安装有网卡，然后使用网线将 ADSL Modem 的"Ethernet（以太网）"端口与计算机上的网卡端口连接起来。连接完毕后，打开计算机和 Modem 的电源。

③ 打开"网络和共享中心"窗口，单击"更改网络设置"区域中的"设置新的连接或网络"超链接，打开"设置连接或网络"向导。

a. 选择连接选项：如图 3-39 所示，用户需要根据实际应用场合选择，例如，根据本案例的需求，选择"连接到 Internet"选项。

图 3-39　网络连接类型

b. 设置如何连接：如图 3-40 所示，Windows 会根据计算机所连接的设备，自动推荐连接方式。

c. 输入网络服务信息：输入申请账号时获得的用户名和密码等选项后，单击"连接"按钮，如图 3-41 所示。

图 3-40　选择连接方式

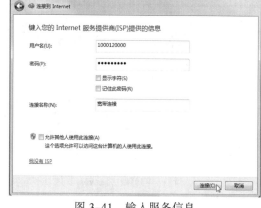

图 3-41　输入服务信息

提示: "允许其他人使用此连接"指的是除当前系统用户外,其他用户是否可以进行拨号连接。向导对连接名称不做严格限制,用户在设置过程中可随意输入;用户名和密码可以不输入,如果这样,每次执行连接时都需要重新输入这些信息。

d. 所有设置完毕后,执行连接可在状态栏中看到 图标,表示已经通过 ISP 认证,正在连线,单击图标,弹出图 3-42 所示的窗口,可选择断开连接或者打开"网络和共享中心"窗口。

知识链接

ADSL(Asymmetric Digital Subscriber Line)即非对称数字用户线。所谓非对称是指,上行(从用户到电信服务提供商方向,如上传动作)和下行(从电信服务提供商到用户的方向,如下载动作)频宽不对称(即上行和下行的速率不相同),通常 ADSL 在不影响

图 3-42　网络连接状态

正常电话通信的情况下可以提供最高 1 Mbit/s 的上行速度和最高 8 Mbit/s 的下行速度。目前,因地区不同各 ISP 推出的产品也不同,例如,512 kbit/s、1 Mbit/s 和 2 Mbit/s 下行速率的产品等。

大多数 ADSL Modem 支持 DHCP(Dynamic Host Configuration Protocol),即动态主机分配协议,当计算机连接至 Modem 的 Ethernet(以太网)后,将自动获取到 IP 地址。建立拨号连接的过程,实际上等于在系统中增加一个虚拟网络适配器,该适配器负责调用网卡和其他的设备访问Internet。

不论使用何种方法连入 Internet,通用的操作步骤都是安装硬件、连接线路和执行连接向导。有些地区针对包月或包年用户,将用户名和密码内置在 ADSL Modem 中,用户仅需连线便可直接使用。除 ISP 特殊说明设置为指定的 IP 地址外,将计算机的 IP 地址设置为自动获取。可以将 ADSL Modem 理解为计算机的网关。

提示: 可在"网络连接"窗口中找到创建的拨号连接,右击可在桌面上创建快捷方式,如图 3-43 所示。

有些 ISP 提供 USB 接口的 ADSL Modem,这种情况下,仅需将其采用 USB 连接线和电话线与计算机和分频器相连,其他操作步骤与上述一致。

图 3-43 创建连接的快捷方式

3.4 【案例 2】使用小区宽带接入 Internet

随着 IT 技术的不断发展，很多写字楼和小区已经实现光纤入户和以太网入户，与之相对应的 ISP 则提供了小区宽带这种接入 Internet 的方式。

本案例的主要内容是借助小区宽带接入 Internet。

案例分析

使用小区宽带接入Internet的方式与ADSL接入方式有一定的区别，这种接入方式不使用ADSL Modem，连接线路时只须使用网线将计算机与小区宽带接口连接即可。

一般情况下，居民小区采用拨号接入方式，按照使用时长收费，写字楼采用直接接入方式，设置专门的计费网页，用户登录后方可使用。

实施过程

① 准备好网线，连接计算机和宽带接口。

② 居民小区宽带用户，操作方法与案例 1 中的步骤一致，使用"设置连接或网络"向导，输入 ISP 分配的用户名和密码，执行建立好的拨号连接，便可接入。

③ 写字楼宽带用户，无须使用"设置连接或网络"建立连接，如果该网络支持自动获取 IP 地址，接好网线后直接打开浏览器，输入任意网址将其转到计费管理主页。

提示：在计费主页上可能需要用户下载并安装计费插件。

④ 如果写字楼网络不支持自动获取 IP 地址，则需要与网络管理部门联系，获得 IP 地址和 DNS 地址，使用案例 1 中介绍的方法为计算机设置好这些属性，然后再打开浏览器。

如何判断计算机是否得到网络设备自动分配的 IP 地址，采用的方法共有以下两种：

（1）观察任务栏通知区域的网络图标

① 正确获取到 IP 地址并连接至 Internet：一般情况下，任务栏通知区域将显示 图标。

② 受限制或无连接：这时任务栏通知区域显示 图标，提示"无 Internet 访问"，表示计算机因各种原因不能连接到 Internet，这时需要打开"网络连接"窗口找到连接的适配器，右击，在弹出的快捷菜单中选择"诊断"命令，通过"Windows 网络诊断"向导判断所出现的问题，如图 3-44 所示。

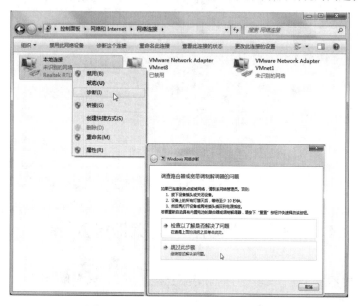

图 3-44　"Windows 网络诊断"向导

如果按照"Windows 网络诊断"向导提示操作后，问题依旧存在，则可能要与网络管理部门联系。

（2）使用命令观察是否获取到正确的 IP 地址

采用案例 1 中介绍的方法，打开命令窗口，输入命令"ipconfig"并按【Enter】键。

① 获取到正确的 IP 地址：如果获取到正确的 IP 地址，运行结果与图 3-45 类似。

② 未获取到正确的 IP 地址：使用"ipconfig"查询到的 IP 地址是全 0 或者以 169 开头，运行结果与图 3-46 类似。

图 3-45　正确获取到 IP 地址

图 3-46　未获取到正确的 IP 地址

这种情况下，可以通过"ipconfig /release_all"命令先释放地址，再用"ipconfig renew_all"命令重新获得 IP 地址，如果还不行，则说明网络有问题，需要与网络管理部门联系。

知识链接

使用小区宽带接入 Internet 最重要的环节是获取到正确的 IP 地址，前面介绍过，IP 地址是计算机在网络上的身份证号，在一定范围内不会重复，查询是否获取到正确的 IP 的方法有多种，在实际应用过程中结合使用将大大提高效率。单击"开始"按钮，在"搜索程序和文件"框中输入"IP"后按【Enter】键，可迅速打开"网络连接"窗口，查看所有网络适配器的状态，包括是否获得正确的 IP 地址，适配器是否被禁用等信息。

3.5 【案例 3】接入无线网络

无线网络（WLAN）突破了传统网络的空间限制，用户在无线网络覆盖的任意区域均可接入网络，共享资源和网络连接。在一些餐厅、咖啡厅、商场和办公场所等地点都覆盖有无线网络。

案例目标

本案例的主要内容是接入无线网络。

最常见的无线网络是 AP（Access Point）无线访问结点型无线网络，这种结构是一种不使用网线的局域网结构，所有的计算机与无线接入设备连接，通过它来共享文件和 Internet 连接，如图 3-47 所示。

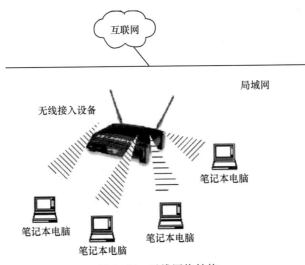

图 3-47 无线网络结构

提示：客户端不一定是笔记本电脑，只要具有无线网络功能的电子设备均可接入。一般的无线网络为了保证安全性，均设有密码。与小区宽带等局域网一样，无线网络接入也需要获取到正确的 IP 地址。

实施过程

① 打开"网络连接"窗口，检查计算机上是否安装有无线网卡，如图 3-48 所示，高亮显示的适配器就是无线网络适配器。

图 3-48　无线网络适配器

② 确认机器上的无线网络开关处于打开状态，大多数笔记本电脑设置有此开关，台式机一般没有，默认处于打开状态，笔记本上的开关有两种形式，一种是图 3-49 所示的硬开关，还有一种是通过按住【Fn】键同时按某个按键来实现开关；寻找无线网络开关时需要认准图中的标志。

图 3-49　无线网络开关

③ 打开无线网络开关后，并且处于 AP 覆盖区域内，单击状态栏中的 图标，可查看附近的无线网络，如图 3-50 所示。

④ 在窗格中，选中相应无线网络名称，单击"连接"按钮，如图 3-51 所示，在弹出的对话框中输入网络密匙，单击"确定"按钮连接到无线网络，如图 3-52 所示。

图 3-50　提示找到无线网络

图 3-51　连接到无线网络

连接成功后，可在任务栏通知区域看到  图标，并且在"连接状态"窗格中见到"已连接"字样，如图 3-53 所示。

图 3-52　输入网络安全密钥

图 3-53　连接成功

⑤ 使用"ipconfig"命令查看获取到的 IP 地址，验证是否有效，同时方便他人找到自己的计算机。

知识链接

有些网卡的驱动程序中包含有专用的无线网络连接程序。例如，ThinkPad 笔记本电脑，可以使用"Access Connections"程序来设置连接。

① 启动连接程序，选中相应的无线网络名称，输入无线密码后，单击"连接"按钮，如图 3-54 所示。

图 3-54　启动连接程序

② 连接成功后，窗口中的 AP 显示动画效果，并自动弹出"访问连接"对话框，将本次配置信息存储起来，如图 3-55 所示。

③ 存储包括连接信息的概要文件后，可进一步对连接到该网络时的其他设置进行修改。例如，连接到某一无线网络时自动连接到网络打印机、相关的网络安全设置等，如图 3-56 所示。

图 3-55　连接成功存储配置

图 3-56　设置连接至某网络时的其他配置信息

本 章 小 结

　　本章简要介绍了计算机网络的基础知识和应用，局域网技术，Internet 基础和它的应用及基本知识。重点是计算机网络的定义、组成及计算机网络的功能；难点是网络协议、层次结构等。希望通过本章的学习，能够掌握计算机网络的基本概念、功能、拓扑结构等；了解物理网络的基本知识，如局域网的组成、网络互联设备。掌握 Internet 的基本应用，如网上浏览、信息搜索、收发电子邮件等。掌握信息检索的方法，如搜索引擎的使用、网络数据库的检索，并应用到实际生活中。

第 4 章 ‖ Word 2010 文字处理软件

【知识目标】

● 了解 Word 软件的基本功能和用途。

【技能目标】

● 熟练掌握文档创建、打开、输入、保存等基本操作。
● 掌握文本的选定、插入与删除、复制与移动、查找与替换等基本编辑技术。
● 熟悉字体格式设置、段落格式设置、文档页面设置、文档背景设置和文档分栏等。
● 了解表格的创建、修改，表格的修饰，表格中数据的输入与编辑，数据的排序和计算。
● 掌握图形和图片的插入，图形的建立和编辑，文本框、艺术字的使用和编辑。

Word 是应用较广泛的文字处理软件，它能够轻松制作日常办公中的各类文档，是 Microsoft Office 办公软件中的一个重要组件。

4.1　Word 2010 简介

Microsoft Word 被称作文字处理软件，其实该软件能完成的功能已经远远超出了纯文字处理的范畴，主要用于书面文档的编写、编辑的全过程。除处理文字外，还可以在文档中插入和处理表格、图形、图像、艺术字、数学公式等。无论初级或高级用户在文档处理过程中所需实现的各种排版输出效果，都可以借助 Word 软件提供的功能轻松实现。并不夸张地讲，Word 可以实现用户对文档处理文档要求的境界，已经近乎"所想即所得"，所以成为目前文档处理应用较广泛的应用软件。

本章以 Word 2010 为基础（考虑到文档使用时的兼容性，本书建立的所有文档均保存为 Word 93-2003 文档，扩展名为*.doc），利用面向结果的全新用户界面，让用户可以轻松找到并使用功能强大的各种命令按钮，快速实现文本的输入、编辑、格式化、图文混排、长文档编辑等。

4.1.1　Word 2010 的启动与退出

1. 启动 Word 2010

Word 2010 是在 Windows 环境下运行的应用程序，启动方法与启动其他应用程序的方法相似，常用的方法有以下 3 种：

（1）从"开始"菜单中启动 Word 2010

单击"开始"按钮，选择"所有程序"→"Microsoft Office"→"Microsoft Office Word 2010"命令，即可启动 Word 2010。

（2）通过快捷方式启动 Word 2010

用户可以在桌面上为 Word 2010 应用程序创建快捷图标，双击该快捷图标即可启动 Word 2010。

（3）通过文档启动 Word 2010

用户可以通过打开已存在的旧文档启动 Word 2010，其方法如下：

在资源管理器中，找到要编辑的 Word 文档，双击此文档即可启动 Word 2010。

通过文档启动 Word 2010 的方法不仅会启动该应用程序，而且将在 Word 2010 中打开选定的文档，适合编辑或查看一个已存在文档的用户。

（4）开机自启动 Word 2010

将 Word 2010 应用程序图标拖入"开始"→"所有程序"→"启动"子菜单中，开机后会自动启动 Word 2010 应用程序，适合经常使用计算机处理文字的办公人员。

2．退出 Word 2010

Word 2010 作为一个典型的 Windows 应用程序，其退出（关闭）的方法与其他应用程序也类似，常用的方法有以下 4 种：

① 单击 Word 2010 程序窗口右上角的"关闭"按钮。

② 选择"文件"→"退出"命令。

③ 双击 Word 2010 工作窗口左上角的 Word 图标。

④ 使用【Alt+F4】组合键。

4.1.2　Word 2010 工作界面

Word 2010 窗口由"文件"菜单、快速访问工具栏、标题栏、功能区、工具栏、文档编辑区、滚动条、状态栏等部分组成，如图 4-1 所示。

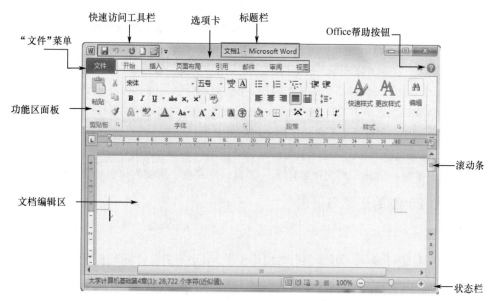

图 4-1　Word 2010 窗口界面

菜单栏位于标题栏的下方，提供了 8 个选项卡：开始、插入、页面布局、引用、邮件、审阅、视图和加载项。

由图 4-1 可知，与 Word 2003 相比，Word 2010 最明显的变化就是取消了传统的菜单操作方式，而代之于各种功能区。在 Word 2010 窗口上方看起来像菜单的名称其实是功能区的名称，当单击这些名称时并不会打开菜单，而是切换到与之相对应的功能区面板，每个功能区根据功能的不同又分为若干个组。为了便于浏览，功能区包含若干个围绕特定方案或对象进行组织的选项卡。而且，每个选项卡的控件又细化为几个组。功能区比菜单和工具栏承载了更加丰富的内容，包括按钮、库和对话框内容。

1．"文件"菜单

"文件"菜单位于 Word 窗口的左上角，单击该按钮，可打开"文件"菜单，如图 4-2 所示。

2．快速访问工具栏

默认情况下，快速访问工具栏位于 Word 窗口的顶部，如图 4-1 所示，使用它可以快速访问频繁使用的工具。用户可以将命令添加到快速访问工具栏，从而对其进行自定义。

3．滚动条

滚动条位于文档编辑区的右侧（垂直滚动条）和下方（水平滚动条），用以显示文档窗口以外的内容。

4．文档编辑区

文档编辑区是输入文本和编辑文本的区域，位于工具栏的下方，在屏幕中占了大部分面积。其中有一个不断闪烁的竖条称为插入点，用以表示输入时文字出现的位置。

5．状态栏

状态栏位于 Word 窗口底部，用以显示文档的基本信息和编辑状态，如页号、节号、行号和列号等。

6．对话框启动器

对话框启动器是一个小图标，这个图标出现在某些组中。单击对话框启动器将打开相关的对话框或任务窗格，提供与该组相关的更多选项。例如单击"字体"组中的对话框启动器图标，就会弹出"字体"对话框，如图 4-3 所示。

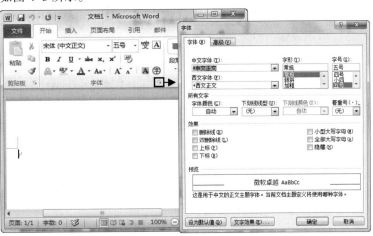

图 4-2　"文件"菜单　　　　　　　　　　图 4-3　"字体"对话框

4.1.3　Word 2010 的视图模式

Word 2010 提供了多种显示 Word 文档的方式，每一种显示方式称为一种视图。使用不同的显示方式，可以从不同的侧重面查看文档，从而高效、快捷地查看、编辑文档。Word 2010 提供的视图包括：页面视图、阅读版式视图、Web 版式视图、大纲视图和草稿视图。

1．页面视图

页面视图是 Word 2010 的默认视图，可以显示整个页面的分布情况及文档中的所有元素，如正文、图形、表格、图文框、页眉、页脚、脚注和页码等，并能对它们进行编辑。在页面视图方式下，显示效果反映了打印后的真实效果，即"所见即所得"功能。

2．阅读版式视图

阅读版式视图不仅隐藏了不必要的工具栏，最大可能地增大了窗口，而且还将文档分为了两栏，从而有效地提高了文档的可读性。

3．Web 版式视图

Web 版式视图主要用于在使用 Word 2010 创建 Web 页时能够显示出 Web 效果。Web 版式视图优化了布局，使文档以网页的形式显示 Word 2010 文档，具有最佳屏幕外观，使得联机阅读更容易。Web 版式视图适用于发送电子邮件和创建网页。

4．大纲视图

大纲视图使得查看长文档的结构变得很容易，并且可以通过拖动标题来移动、复制或重新组织正文。在大纲视图中，可以折叠文档，只查看主标题；或者扩展文档，以便查看整篇文档。

5．草稿视图

在草稿视图中可以输入、编辑文字，并设置文字的格式，对图形和表格可以进行一些基本的操作。草稿视图取消了页面边距、分栏、页眉页脚和图片等元素，仅显示标题和正文，是最节省计算机系统硬件资源的视图方式。现在计算机系统的硬件配置都比较高，基本上不存在由于硬件配置偏低而使 Word 2010 运行遇到障碍的问题。

各种视图之间可以方便地进行相互转换，其操作方法有以下两种：

① 单击"视图"功能区，在"文档视图"组中单击"页面视图""阅读版式视图""Web 版式视图""大纲视图"和"草稿"按钮来转换，如图 4-4 所示。

图 4-4　Word 2010 文档视图

② 单击状态栏右侧的视图按钮进行转换，自左往右分别是页面视图、阅读版式视图、Web 版式视图、大纲视图和草稿视图，如图 4-5 所示。

图 4-5　状态栏中的视图模式图标

4.1.4 Word 2010 的帮助系统

Word 2010 提供了丰富的联机帮助功能，可以随时解决用户在使用 Word 中遇到的问题。用户可以使用关键字和目录来获得与当前操作相关的帮助信息。在功能区右上侧单击 "Microsoft Office Word 帮助" 按钮 ，即可打开 "Word 帮助" 窗口，如图 4-6 所示。

图 4-6 "Word 帮助" 窗口

4.2 【案例 1】创建一份会议通知

案例分析

本案例主要完成的工作是用普通的空白文档创建一份会议通知文档，并输入内容保存，如图 4-7 所示。通过该案例让读者了解如何创建文档，汉字及特殊符号的输入技巧、插入图片的方法，完成整个文档的输入，最后保存文档的操作过程。

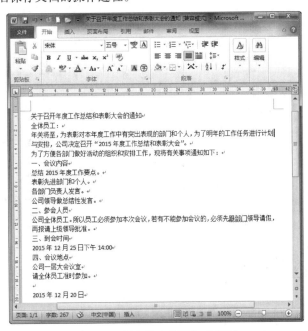

图 4-7 创建的会议通知效果图

案例目标

- 掌握 Word 2010 模板的建立与保存方法。
- 掌握 Word 2010 文本及特殊符号的输入技术。

实施过程

1．文件的创建

启动 Word 2010 时系统自动创建名为"文档 1"的空白新文档，也可根据需要，通过下面几种方法创建新文档：

① 使用"文件"菜单创建新文档。选择"文件"→"新建"命令，如图 4-8 所示，在"可用模板"栏下单击"空白文档"选项，然后单击窗口右下侧的创建图标，此时 Word 2010 将新建一个空文档。

提示：利用【Ctrl + N】组合键，可快速创建空白文档。

② 使用快速访问工具栏中的"新建文档"按钮，创建一个新文档。

③ 双击桌面的快捷方式建立一个新的 Word 2010 文档。

图 4-8　创建文档

④ 在桌面空白处右击，从弹出的快捷菜单中选择"新建"→"Microsoft Word 文档"命令，如图 4-9 所示。

2．输入文本

输入文字，完成会议通知的内容，如图 4-10 所示。

3．保存文档

Word 为新建文档所起的临时文件名是"文档 1"（"文档 2"、"文档 3"、……），保存时需要指定在磁盘上的保存位置、类型和文件名，具体步骤如下：

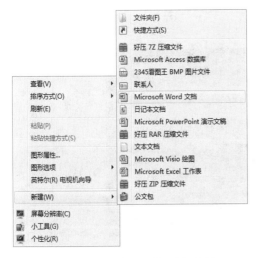

图 4-9　利用快捷菜单创建新文档

关于召开年度工作总结和表彰大会的通知
全体员工：
年关将至，为表彰对本年度工作中有突出表现的部门和个人，为了明年的工作任务进行计划与安排，公司决定召开“2015 年度工作总结和表彰大会”。
为了方便各部门做好活动的组织和安排工作，现将有关事项通知如下：
一、会议内容
总结 2015 年度工作要点。
表彰先进部门和个人。
各部门负责人发言。
公司领导做总结性发言。
二、参会人员
公司全体员工。所以员工必须参加本次会议，若有不能参加会议的，必须先跟部门领导请假，再报请上级领导批准。
三、到会时间
2015 年 12 月 25 日下午 14:00
四、会议地点
公司一层大会议室
请全体员工准时参加。

2015 年 12 月 20 日

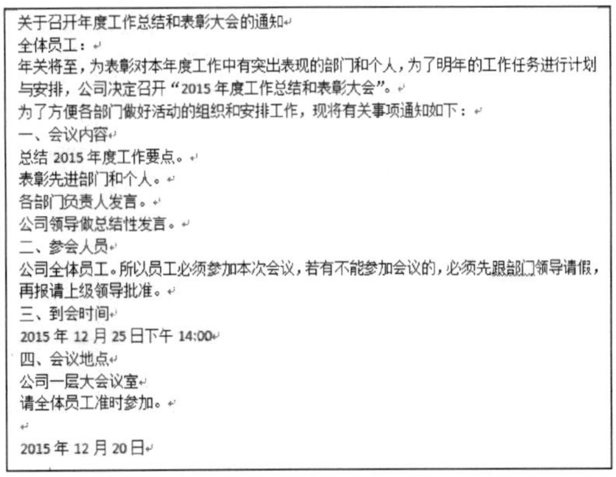

图 4-10　输入文档内容

① 按【Ctrl+S】组合键、单击快速访问工具栏中的“保存”按钮或选择“文件”→“保存”命令保存新建文档时，会弹出图 4-11 所示的“另存为”对话框，在对话框的地址栏、“保存类型”下拉列表中选择文档保存的位置、类型，在“文件名”文本框中输入新建文档的文件名，单击“保存”按钮。

② 选择“文件”→“关闭”命令，关闭新建文档，系统会提示用户是否保存该文件（见图 4-12）。若单击“保存”按钮，会弹出图 4-11 所示的对话框对文档进行保存。

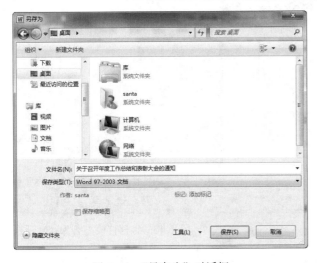

图 4-11　“另存为”对话框

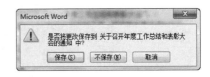

图 4-12　询问是否保存对话框

4. 打开已保存的 Word 文档

有时一份文档需要多次修改才能最终定稿，这就需要反复打开已保存的文件进行调整，如打开刚才保存的“关于召开年度工作总结和表彰大会的通知”文档。

选择“文件”→“打开”命令，或直接按【Ctrl+O】组合键，或单击快速访问工具栏中的“打开”按钮，弹出“打开”对话框，如图 4-13 所示。在“地址栏”下拉列表中选择要打开文档所在的位置，在"文件类型"下拉列表中选择"所有 Word 文档"；或直接在"文件名"文本框中输入需要打开文档的正确路径及文件名，单击"打开"按钮。

图 4-13 "打开"对话框

5. 关闭文档

关闭文档是关闭当前文档的窗口，而并非退出 Word 软件，关闭文档有下面几种方法：

① 选择"文件"→"关闭"命令（见图 4-14），或单击菜单栏右端的"关闭"按钮 ⊠ 。如果当前文档在编辑后没有保存，关闭前将弹出询问对话框，询问是否保存对文档所做的修改，如图 4-15 所示。单击"保存"按钮则保存文档；单击"不保存"按钮则放弃保存文档；单击"取消"按钮则不关闭当前文档，继续编辑。

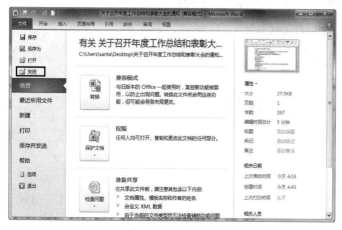

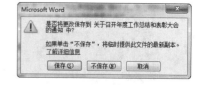

图 4-14 关闭文档窗口   图 4-15 询问修改是否保存对话框

② 选择"文件"→"退出"命令或按【Alt+F4】组合键则退出 Word 2010 应用程序。

知识链接

1. 输入汉字

输入汉字时，必须先切换到中文输入法。对于中文 Windows 7 系统，按【Ctrl+Space】组合键可在中/英文输入法之间切换。按【Ctrl+Shift】组合键可以在各种输入法之间切换；也可以单击"任务栏"右下角的 图标，在出现的输入法选择菜单中选择一种输入法，如图 4-16 所示。

2．输入符号

选择"插入"→"符号"命令，弹出"符号"对话框，如图 4-17 所示，双击需要的符号即可插入。对于字母的输入，将输入法切换到英文方式即可进行输入。

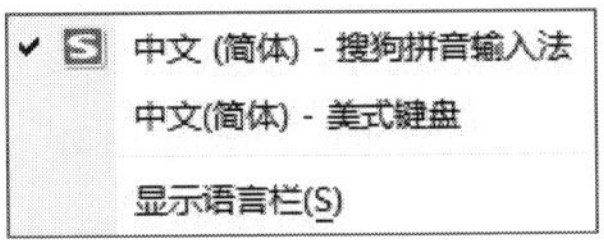

图 4-16　选择输入法

图 4-17　"符号"对话框

3．插入公章

选择"插入"→"图片"命令，选择"公章.jpg"文件，选定图片到文档中，调整好大小，右击，在弹出的快捷菜单中选择"设置对象格式"命令，弹出"设置对象格式"对话框，选择"版式"选项卡中，选择"衬于文字下方"，如图 4-18 所示。

图 4-18　"设置对象格式"对话框

文本的输入总是从插入点处开始，即插入点显示了输入文本的插入位置。输入文字到达右边界时不要使用【Enter】键，Word 会根据纸张的大小和设定的左右缩进量自动换行。当一个自然段文本输入完毕时，按【Enter】键，插入点光标处插入一个段落标记(↵)以结束本段落，插入点移到下一行新段落的开始，等待继续输入下一自然段的内容。

一般情况下，不适用插入空格符来对齐文本产生缩进，可以通过格式设置操作达到指定的效果。输入错误时，按【Backspace】键删除插入点左边的字符，按【Delete】键删除插入点右边的字符。

4．保存文档

如果打开磁盘上已有的旧文档进行编辑后，选择"文件"→"保存"命令，或单击快速访问工具栏中的"保存"按钮，或按【Ctrl+S】组合键，文档将以原名保存在原位置。

若需要对磁盘上已有的旧文档以不同的文件名或文件类型保存，或需要将编辑后的文档存放到新的位置，在打开旧文档进行编辑后，可选择"文件"→"另存为"命令，在"另存为"对话框中，对文档指定新的文件名、新的保存位置、新的保存类型等操作。

提示：为了防止意外情况发生时丢失对文档所做的编辑，Word 2010提供定时自动保存文档的功能。设置"自动保存"功能的方法如下：

单击快速访问工具栏中的"其他命令"命令，在弹出的"Word选项"对话框中选择"保存"选项卡，选择"保存自动恢复信息时间间隔"复选框，并修改其右侧的数字，即可调整自动保存的间隔时间，如图4-19所示，单击"确定"按钮完成操作。

图 4-19　设置自动保存时间

Word把自动保存的内容存放在一个临时文件中，如果在用户对文档进行保存前出现了意外情况（如断电）。再次进入Word时，最后一次保存的内容被恢复在窗口中。这时，用户应该立即进行存盘操作。

5．快速打开最近使用过的文档

选择"文件"→"最近所用文档"命令，即可打开近期所打开的所有文档，如图4-20所示。

如果想更改最近使用过的文件的数目可以进行如下操作：单击快速访问工具栏中"其他命令"命令，在弹出的"Word 选项"对话框中选择"高级"选项卡，修改"显示此数目的'最近使用的文档'"右侧的数字，即可修改"文件"列表中列出的最近使用过的文件数量，如图 4-21 所示。

图 4-20　最近所用文档列表

图 4-21　修改最近使用的文档保存数量

4.3 【案例 2】对会议通知进行排版

案例分析

本案例主要完成的工作是为公司会议通知排版，通过该任务首先让读者学会使用 Word 2010 进行文档编辑，重点掌握 Word 2010 对字符排版、段落排版等的操作方法，最后完成一份完整、美观的"会议通知"文档。案例完成后效果如图 4-22 所示。

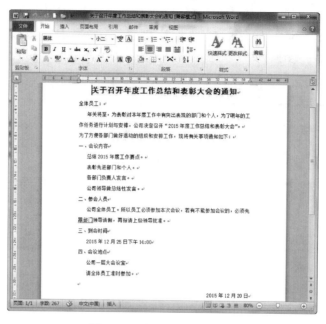

图 4-22　排版后的会议通知

案例目标

- 掌握 Word 2010 中选定文本、增加与删除文本等的基本操作方法。
- 掌握 Word 2010 编辑文本的方法。
- 掌握 Word 2010 设置字符格式化的方法。
- 掌握 Word 2010 设置段落格式化的方法。

实施过程

① 打开案例 1 中建立的文档"关于召开年度工作总结和表彰大会的通知.doc",如图 4-23 所示。

图 4-23　打开会议通知文档

② 设置标题格式。选中第一行内容，在"开始"选项卡中设置字体为"黑体"，字号为"小二号"，再单击"加粗"按钮 **B** 和"居中"按钮 ≣，效果如图 4-24 所示。

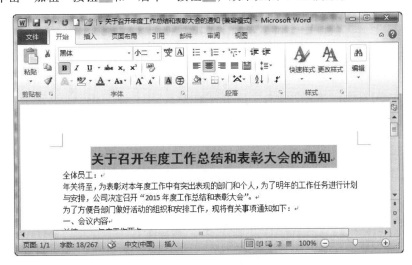

图 4-24　设置标题格式

③ 字体、字号与字形的设置。在"字体"对话框中选择"字体"选项卡，可以设置字体、字形、字号、字体颜色、下画线、下画线颜色及效果等字符格式。

④ 设置字符间距。在"字体"对话框中选择"高级"选项卡，可对 Word 默认的标准字符间距进行调整，也可以调整字符在所在行中相对于基准线的高低位置。"缩放"下拉列表可以用来调整字符的缩放大小，字符缩放和改变字号都改变字符的大小，但字符缩放只在水平方向上缩放，如图 4-25 所示。

图 4-25　"高级"选项卡

⑤ 设置正文格式。选定第二行起的所有内容，设置其字体为"宋体"，字号为"小四号"，然后再单击"开始"→"段落"组中的 图标，弹出"段落"对话框，设置正文的行间距为固定值 25 磅，字体及段落格式设置效果如图 4-22 所示。

知识链接

在对文档进行编辑之前，先来了解文档编辑的一些基本操作，主要操作有定位、选定文本、插入、删除、复制、移动、查找与替换、撤销与恢复。

1. 硬回车与软回车

硬回车是每一个自然段结束后，必须按【Enter】键，文本中会生成一个符号 ↵，表示此处是一个自然段的结尾处。而软回车则是根据行宽自动生成与删除，在屏幕中也无特殊显示。硬回车不能自动删除，需由用户手工删除。常见自然段的合并与拆分操作，都需要按【Enter】键来完成。

2. 选定文本

（1）使用鼠标选定文本

选定任意长度的文本：首先把光标移到要选定的文本内容的起始处，然后按住鼠标左键进行拖动，直到选定文本内容的结束处释放鼠标左键，此时被选定的文本内容反白显示。

选定某一范围的文本：把插入点放到要选定的文本之前，然后按住【Shift】键不放，把鼠标移到要选定的文本末尾，再单击，此时将选定插入点到光标之间的所有文本。

选定一个词：把光标移到要选定的文本内容中的任意一个位置，然后双击，即可选定光标所在的一个英文单词或一个词。

选定一行：单击此行左端的选定栏，即可选定该行。

选定一个段落：双击该段落左端的选定栏，或在该段落上任意位置处三击，即可选定一个段落。

选定整个文档：三击任一行左端的选定栏，或按住【Ctrl】键的同时单击选定栏。

选定不连续区域的文本：先选定第一个文本区域，按住【Ctrl】键，再选定其他文本区域。

选定矩形块文本：把光标放到要选定文本的一角，然后按住【Alt】键和鼠标左键，拖动鼠标到文本块的对角，即可选定矩形块文本。

（2）使用键盘选定文本

按【Shift+End】组合键可以选定插入光标右边的一行文本；按【Shift+Home】组合键可以选定插入光标左边的本行文本。如果想要选定整个文档，可以使用按【Ctrl+A】组合键。

3. 插入

（1）用键盘输入插入内容

在插入状态（Word 的默认状态，状态栏中的"改写"按钮呈浅色显示）下，将插入点移到需要插入新内容的位置，输入要插入的内容。插入新内容后，当前段落中插入点位置及其后的所有文字均自动后移，并自动按原段落格式重新排列。

"插入"和"改写"状态的转换可以通过按【Insert】键或双击状态栏中的"改写"按钮来完成。在改写状态下，输入的字符将取代插入点所在的字符，插入点后移。

（2）插入空行

如果要在两个段落之间插入空行，可按以下两种方式操作：

方法 1：把插入点移到段落的结束处，按【Enter】键，将在当前段落的下方产生一空行。

方法 2：把插入点移到段落的开始处，按【Enter】键，将在当前段落的上方产生一空行。

（3）插入磁盘中的文件

在编辑文本时，有时需要把另一个文档插入到当前文档的某个位置，操作方法如下：

将光标放到要插入文档的位置，选择"插入"→"文本"→"对象"→"文件中的文字"命令，弹出"插入文件"对话框，如图 4-26 所示。在地址栏中寻找要插入文件的路径，选定要插入的文件名，单击"确定"按钮，即可把该文档插入到当前所指的位置。

图 4-26　"插入文件"对话框

4．删除

下面列举两种删除文本的方法：

方法 1：选定要删除的文本，按【Delete】键，把选定的文本一次性全部删除。【Delete】操作是选择"编辑"→"清除"→"内容"命令的快捷操作方法。

方法 2：选定要删除的文本后，选择"开始"→"剪切"命令（或单击快速访问工具栏的"剪切"按钮 ，或使用【Ctrl+X】组合键）。

5．复制

在 Word 中复制文本的基本做法是先将已选定的文本复制到 Office 剪贴板上，再将其粘贴到文档的另一位置。复制操作的常用方法如下：

（1）利用剪贴板复制

选定要复制的文本，单击快速访问工具栏中的"复制"按钮 ，或按【Ctrl+C】组合键，或选择"开始"→"复制"命令，此时系统将选定的文本复制到剪贴板。把插入点移到文本复制的目的地，单击快速访问工具栏中的"粘贴"按钮 ，或按【Ctrl+V】组合键，或选择"开始"→"粘贴"命令，将剪贴板中的剪贴内容可以任意多次地粘贴到文档中。

Office 剪贴板可以保存多达 24 次剪贴内容，并能在 Office 2010 各应用程序中共享剪贴内容。

选择"开始"→"剪贴板"命令，即可打开"剪贴板"任务窗格，如图 4-27 所示。

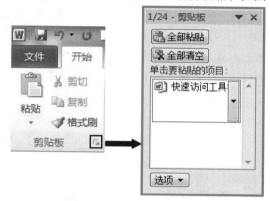

图 4-27　"剪贴板"任务窗格

（2）利用鼠标拖放复制文本

选定要复制的文本，把鼠标指针移到选定的文本处，然后在按住【Ctrl】键的同时，将文本拖动到目的地（此时光标为 <img>），放开鼠标左键，即完成了复制操作。

6.　移动

移动文本的操作步骤与复制文本基本相同。其常用操作方法有以下两种：

（1）利用剪贴板移动文本

选定要移动的文本，单击快速访问工具栏中的"剪切"按钮<img>，或按【Ctrl+X】组合键或选择"开始"菜单→"剪切"命令，此时所选定的文本即从文档中消除，并存放在剪贴板上。把插入点移至文本移动的目的地，单击快速访问工具栏中的"粘贴"按钮<img>，或按【Ctrl+V】组合键，或选择"开始"菜单→"粘贴"命令，完成移动操作。

（2）利用鼠标拖放移动文本

选定要移动的文本，把鼠标指针移到选定的文本处，然后按住鼠标左键，将文本拖到目的地（此时光标为<img>），释放鼠标则完成了移动操作。

7.　撤销与恢复

在编辑文档的过程中，可能会发生一些操作，如输入出错或误删了不该删除的内容等。这时，可以使用 Word 提供的撤销与恢复功能修改文档。其中，"撤销"是取消上一步的操作结果，"恢复"与撤销相反，是将撤销的操作恢复。

（1）"撤销"操作

选择"开始"→"撤销"命令，或单击快速访问工具栏中的"撤销"按钮<img>，或按【Ctrl+Z】组合键，完成撤销操作。

（2）"恢复"操作

选择"开始"→"恢复"命令，或单击快速访问工具栏中的"恢复"按钮<img>，或按【Ctrl+Y】组合键。撤销操作之后，恢复操作才可用。

8.　格式设置

格式设置是按照一定的要求改变文档外观的操作，包括改变字符外观、段落的外观、页面的外观等。

（1）字符格式

在文档中，文字、数字、标点符号及特殊字符统称为字符。对字符的格式设置包括选择字体、字形、字号、字符颜色以及处理字符的升降、间距等。Word 2010 提供的几种字符格式如下：

五号宋体	**四号黑体**	**三号隶书**	**宋体加粗**
倾斜	<u>下画线</u>	<u>波浪线</u>	^上标 _下标
字符间距加宽	字符间距紧缩	字符加底纹	字符加边框
字符提升	字符降低	字符缩90%放 **150%**	

可以先输入文本，再对输入的字符设置格式；也可以先设置字符格式，再输入文本，这时所设置的格式只对设置后输入的字符有效。如果要对已输入的字符设置格式，则必须先选定需要设置格式的字符。

（2）设置字符格式

选定文本，单击"开始"→"字体"组中的 图标，弹出"字体"对话框。"字体"对话框中有"字体"和"高级"两个选项卡，如图 4-28 所示，从"预览"框可以看到格式设置的效果。

图 4-28　"字体"对话框

> **注意**：① 英文字符以磅为单位，磅的数值范围是 1～1 638。中文字号按中国人的习惯以号为单位，分为初号、小初、一号、小一、二号等十六种。
>
> ② 选中文字后按【Ctrl+[】或【Ctrl+]】组合键，选中的文字以 1 磅为单位缩小或放大，运用此方法可在"字号"栏中看到字号的变化情况；按【Ctrl+Shift+<】或【Ctrl+Shift+>】组合键以号为单位大范围缩小或放大字体，可轻松找到合适的字号。

9. 段落的格式设置

段落的格式设置主要包括：段落的对齐、段落的缩进、行距与段距、段落的修饰等。

在 Word 中，段落是一定数量的文本、图形、对象（如公式和图片）等的集合，以段落标记结束。要显示或隐藏段落标记符，选择"文件"→"选项"，弹出"Word 选项"对话框，选择"显示"选项，在"始终在屏幕上显示这些格式标记"区域中勾选或取消"段落标记"复选框，就可显示/隐藏段落标记。

同其他格式设置一样，用户可以先输入，再设置段落格式；也可以先设置段落格式，再输入文本，这所时设置的段落格式只对设置后输入的段落有效。如果要对已输入的某一段落设置格式，只要把插入点定位在该段落内的任意位置，即可进行操作；也可选中段落结尾的段落标记符，表示选中整个段落。如果对多个段落设置格式，则应先选择被设置的所有段落。设置段落格式的方法如下：

（1）段落的对齐

在 Word 中，文本对齐的方式有 5 种：左对齐、居中对齐、右对齐、两端对齐、分散对齐。在选中要设置的段落后单击"开始"→"段落"组中的 图标，弹出"段落"对话框，选择"缩进和间距"选项卡，在"对齐方式"下拉列表中选择需要的对齐方式，如图 4-29 所示。也可在"段落"组中单击对应的按钮 ，进行不同的对齐操作。

（2）段落的缩进

段落的缩进方式分为 4 种：左缩进、右缩进、首行缩进、悬挂缩进。4 种缩进举例如图 4-30 所示。

图 4-29 "段落"对话框

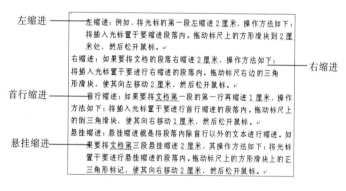

图 4-30 缩进方式示例

设置缩进的常用方法有：

① 使用"格式"工具栏缩进。在"格式"工具栏中有两个缩进按钮 ，它们分别是减少缩进量：减少文本的缩进量或将选定的内容提升一级；增加缩进量：增加文本的缩进量或将选定的内容降低一级。每单击一次缩进按钮，所选文本的缩进量为增加或减少一个汉字。

② 使用标尺缩进正文。移动标尺上的缩进标记也可改变文本的缩进量。利用水平标尺，可将文本进行左缩进、右缩进、首行缩进、悬挂缩进等操作，如图 4-31 所示。

图 4-31　使用标尺缩进

③ 用"段落"对话框控制缩进。以上介绍的几种缩进方式只能粗略地进行缩进，如果想精确地缩进文本，可以使用"段落"对话框中的"缩进和间距"选项卡进行设置。

将光标置于要进行缩进的段落内，单击"开始"→"段落"组中的 图标，弹出"段落"对话框，如图 4-29 所示。在"缩进"和"间距"区域进行设置即可。或选择所需要的数值设置段落的缩进。

（3）间距

① 行间距。行间距是指一个段落内行与行之间的距离，在 Word 2010 中默认的行间距为单倍行距。行间距的具体值是根据字体的大小来决定的。例如，对于五号字的文本，单倍行距的大小比五号字的实际大小稍大一些。如果不想使用默认的单倍行距，可以在"段落"对话框中设置，其操作方法如下：

将光标移到要设置行间距的段落之中，如果要设置多个段落，必须先选定他们。单击"开始"→"段落"组中的 图标，弹出"段落"对话框。选择"缩进和间距"选项卡，在"间距"区域的"行距"下拉列表中选择所需的行距，或者在"设置值"中输入具体数值。在"预览"框中，将显示调整后的段落格式，如图 4-32 所示。

② 段落间距。选定要修改段落间距的段落，单击"开始"→"段落"组中的 图标，弹出"段落"对话框。选择"缩进和间距"选项卡，在"段前"框中可以输入或选择段落前面的间距，而在"段后"框中可以设置段落后面的间距，在"预览"框中，可查看到调整后的效果，如图 4-33 所示。

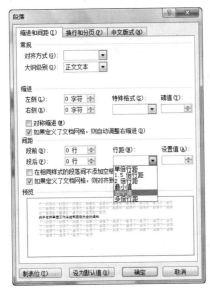

图 4-32　设置行距

图 4-33　设置段落间距

（4）段落分页的设置

在"段落"对话框中，"换行和分页"选项卡的"分页"区域可处理分页处段落的安排，如图4-34所示。4个选项的含义如下：

孤行控制：防止在页面顶端打印段落末行或在页面底端单独打印段落首行。

与下段同页：防止在当前段落及其下一段落之间使用分页符。

段中不分页：防止在当前段落中使用分页符。

段前分页：在当前段落中使用分页符。

（5）首字下沉

① 设置首字下沉。选择"插入"→"文本"→"首字下沉"→"首字下沉选项"命令，弹出图4-35所示的"首字下沉"对话框。在"位置"区域中选择首字下沉的方式，例如，选择"下沉"，在"选项"区域中从"字体"下拉列表中选择首字下沉的字体，如选择"宋体"，在"下沉行数"框中选择或输入首字下沉的行数，并在"距正文"框中设置首字与正文的距离。单击"确定"按钮，Word将显示段落首字下沉的效果。

图4-34　"换行和分页"选项卡

图4-35　"首字下沉"对话框

② 取消首字下沉。把插入光标置于要取消首字下沉的段落中，选择"插入"→"文本"→"首字下沉"→"首字下沉选项"命令，同样弹出"首字下沉"对话框。在"位置"区域中选择"无"选项，单击"确定"按钮即取消首字下沉。

（6）边框与底纹

为了突出文档中的某些文字或段落，可以给它们加上边框或底纹，或者同时加上边框和底纹。首先选定要设置边框或底纹的一个或多个段落，然后选择"页面布局"→"页面边框"命令，弹出"边框和底纹"对话框，对话框中有3个选项卡："边框""页面边框"和"底纹"，如图4-36所示的。

①"边框"选项卡。"边框"选项卡可为选定的段落添加边框，其中：在"设置"区域中选择"方框"类型；在"线型""宽度""颜色"区域中选择边框的线型、颜色和边框线宽度；在"预览"中单击样板的某一边（或单击对应的按钮），将显示所添加的边框。在"应用于"下拉列表中

选择"段落"或"文字"，边框设置效果也不同。最后单击对话框的"确定"按钮，关闭对话框。

②"页面边框"选项卡。"页面边框"选项卡可为页面添加边框（但不能添加底纹）。在"应用于"下拉列表中有"整篇文档""本节"等，如图 4-36 所示。

图 4-36　"页面边框"选项卡

③"底纹"选项卡。"底纹"选项卡可为选定的段落添加底纹，设置背景的颜色和图案，如图 4-37 所示。

图 4-37　"底纹"选项卡

（7）项目符号和编号

在 Word 2010 中可以方便地为并列项目标注项目符号，或为序列项添加编号，使文章层次分明，条例清楚，便于阅读和理解。

① 添加编号或项目符号。选定要添加编号或项目符号的段落，右击，弹出快捷菜单，选择"项目符号"命令，打开项目符号库，选用需要的项目符号，如图 4-38 所示。

如果没有合适的项目符号，则单击"定义新项目符号"命令，弹出"定义新项目符号"对话框，如图 4-39 所示。可以单击"符号""图片"按钮改变项目符号，单击字体修改项目"字体"按钮，也可以修改缩进。

要对一段文字设置编号时，选中这段文字，选择"插入"→"符号"→"编号"命令，弹出"编号"对话框，选择需要的编号类型，如图 4-40 所示，单击"确定"按钮即可。

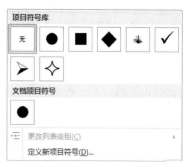

图 4-38　项目符号库　　　　图 4-39　定义新项目符号　　　图 4-40　"编号"对话框

② 自动创建编号或项目列表。Word 2010 延续了 2003 版的"自动编号列表"和"自动项目符号列表"两项功能。如果在段落开始输入一个数字或者字母，后面跟一个圆点、空格或制表符，段落结束按【Enter】键后，Word 将在下一段落开始自动插入编号。如果用户在段首输入"*"或连字号"–"，后边跟空格或制表符，段落结束按【Enter】键后，Word 在下一段落开始自动插入项目符号。按两次【Enter】可结束插入，也可按【Ctrl+Z】组合键取消插入项目符号。

若要取消这两项自动功能，可选择"文件"→"选项"命令，弹出"Word 选项"对话框，单击"自动更正选项"按钮，弹出"自动更正"对话框，选择"键入时自动套用格式"选项卡，取消选择"自动编号列表"和"自动项目符号列表"复选框即可，如图 4-41 所示。

（8）设置和使用制表位

制表位常用于对其不同行或段落之间相同项目的内容，从而给文档输入带来方便。设置制表位实际上是在标尺的不同地方设置垂直方向对齐的参考点。设置制表位后，可以按【Tab】键将任何文字或图片在垂直方向快速对齐。

Word 2010 提供了 5 种对齐方式的制表符：左对齐、居中对齐、右对齐、小数点对齐、和竖线对齐制表符。单击标尺最左端的"制表符类型"按钮，可以选择需要的制表符类型。

设置制表位前，必须先选定制表符的类型，然后再制定位置设置制表位，以后输入的内容将以制表位为参考点，按制表符类型规定的方式在垂直方向对齐。例如输入古诗《望庐山瀑布》并用制表符按样文格式排版，如图 4-42 所示。

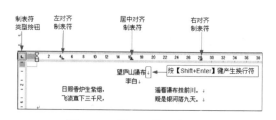

图 4-41　"自动更正"对话框　　　　　　　图 4-42　设置和使用制表位

①　设置制表位。单击标尺最左端的"制表符类型"按钮，直至出现"居中对齐"制表符。把鼠标指针移到标尺上 16（字符）处单击，显示居中对齐制表符，标尺上 18（字符）处设置为居中对齐制表位。

参照以上步骤，在标尺上 4（字符）处设置左对齐制表位（显示"└"），在标尺上 28（字符）处设置右对齐制表位（显示"┘"）。

②　输入并按照制表位对齐文本。按两次【Tab】键，插入点移至居中对齐制表位，输入"望庐山瀑布"，按【Shift+Enter】组合键换行；按两次【Tab】键，输入"李白"，按【Shift+Enter】组合键换行；按一次【Tab】键，插入点移至左对齐制表位，输入"日照香炉生紫烟，"；按两次【Tab】键，插入点移到右对齐制表位，输入"遥看瀑布挂前川。"，按【Shift+Enter】组合键换行；参照上一步骤，输入"飞流直下三千尺，疑是银河落九天。"，输入后按【Enter】键。按【Shift+Enter】组合键将在光标所在位置插入一个人工换行符"↓"。以上操作中，只在最后一行输入完毕才按【Enter】键，产生段落结束符；在其他行尾都是人工换行，这样可使整首诗的各行都属于一个段落。如果要改变诗句水平方向的位置，只需将插入点置于任何一句中，在标尺上拖动制表符即可。

选择"格式"→"制表位"命令，在弹出的"制表位"对话框中也可以设置制表位。如果要设置若干个制表位，应先选定第一个制表位的类型，输入其位置并单击"设置"按钮，再选定下一个制表位的类型……，直到全部设置完毕，单击"确定"按钮。

若要调整制表位的位置，可用鼠标拖动标尺上的制表符；如果在按住【Alt】键的同时拖动制表符，标尺上出现制表符的位置尺寸，这时可以精确地设置制表位的位置。若要删除制表位，简单的操作方法是将制表符拖离标尺；也可以打开"制表位"对话框，选定要删除的制表位，单击"清除"按钮。

（9）格式刷

用户在使用 Word 编辑文档的过程中，可以使用 Word 提供的"格式刷"功能快速、多次复制 Word 中的格式。使用方法如下：

①　首先选中设置好格式的文字，单击"开始"选项卡中的"格式刷"按钮，光标将变成格式刷的样式。拖动鼠标，选中需要设置同样格式的文字，即可将选定格式复制到该位置，光标变回 I 状态。

②　选中设置好格式的文字，双击"格式刷"按钮，光标将变成格式刷的样式。选中需要设置同样格式的文字，或在需要复制格式的段落内单击，即可将选定格式复制到多个位置。取消格式刷时，再次单击"格式刷"按钮，或者按【Esc】键即可。

4.4 【案例 3】设计一张宣传海报

案例分析

本案例主要完成一张宣传海报的设计，通过该案例让读者学会使用 Word 2010 进行文档编辑、字体和字号设置、图片和艺术字插入、页面设置细节，重点在于图片和艺术字的插入与美化，最后完成一份完整、美观的宣传海报。案例完成后效果如图 4-43 所示。

图 4-43　"班级宣传页"文档最终效果

案例目标

- 熟练使用文档创建。
- 熟练使用文档格式化。
- 熟练使用页面设置。

实施过程

（1）新建名为"班级宣传页"的 Word 文档

选择"开始"→"所有程序"→"Microsoft Office"→"Microsoft Word 2010"命令打开一个新的 Word 文档，单击快速访问工具栏中的 按钮，在弹出的"另存为"对话框中将"文件名"设为"班级宣传页"，如图 4-44 所示。

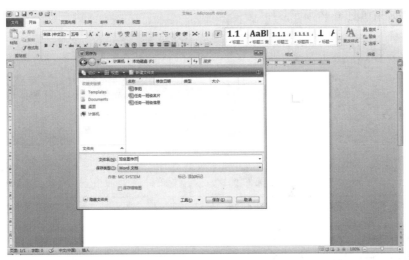

图 4-44　保存文档

（2）添加与编辑文字

① 选择"开始"→"剪贴板"→"复制"或"粘贴"命令将文字内容复制到新的文档中，或手动完成文字内容的输入。

正文内容：

那些年我们一起走过的岁月

因为有梦想，所以有行动

期望我们的未来更美好

放飞我们的毕业季

页脚文字内容为"网络班毕业季宣传页"。

② 选择"开始"→"字体"→"字体颜色"命令，设置颜色渐变效果为暮霭沉沉，设置文字大小为五号（小字）、二号（大字），设置字体为幼圆；段前间距为 3 行，水印选择背景图片，效果为缩放 200%，无冲蚀，如图 4-45 所示。

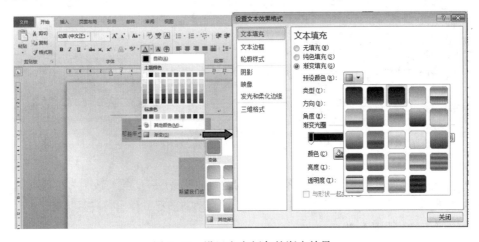

图 4-45　设置文字颜色的渐变效果

最终文字效果如图 4-46 所示。

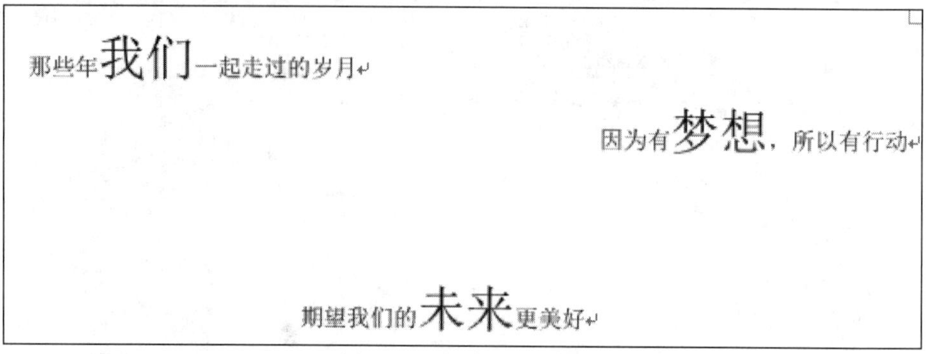

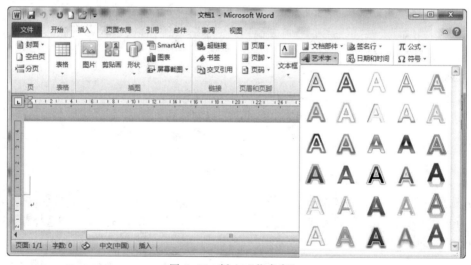

图 4-46　最终文字效果

（3）插入艺术字

选择"插入"→"文本"→"艺术字"命令，完成艺术字"放飞我们的毕业季"的插入，如图 4-47 所示。

图 4-47　插入"艺术字"

最终艺术文字效果如图 4-48 所示。

放飞我们的毕业季

图 4-48　艺术字最终效果

（4）调整文字段落间距

方法 1：选择"页面布局"→"段落"→"间距段前"命令，直接修改为 3 行即可。

方法 2：单击"开始"→"段落"组中的对话框启动器图标，弹出"段落"对话框，设置段落间距为段前 3 行，如图 4-49 所示。

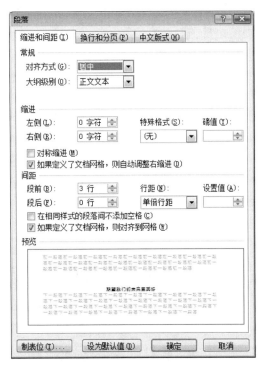

图 4-49　"段落"对话框

（5）插入页脚文字

选择"插入"→"页眉和页脚"→"页眉"或"页脚"命令，在打开的页眉页脚编辑区中输入"网络班毕业季宣传页"，最后选择"页眉和页脚工具"|"设计"选项卡中的"关闭页眉和页脚"命令，如图 4-50 示。

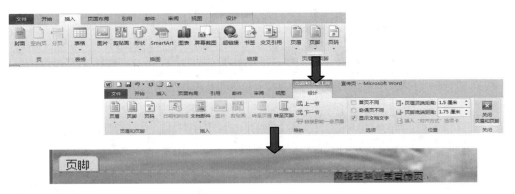

图 4-50　插入"页脚"文字

（6）设置页面的整体设计

选择"页面布局"→"页面背景"→"水印"→"自定义水印"命令，弹出"水印"对话框，设置水印图片为"蓝色背景.jpg"，缩放 200%，无冲蚀，如图 4-51 所示。

（7）保存文档

选择"文件"→"保存"命令。

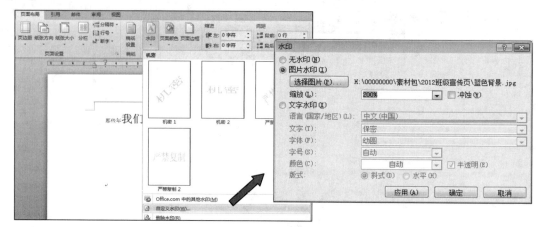

图 4-51 "水印"对话框

4.5 【案例 4】制作公司员工培训成绩统计表

案例分析

该案例让读者掌握 Word 2010 中表格的建立与基础数据的输入，文档的页面设置、插入页码及有关表格斜线、表头操作的方法，最后输入完成一份公司员工培训成绩统计表文档。本案例最终效果如图 4-52 所示。

公司员工办公自动化培训成绩统计表

部门：人力资源部		Word 基础	Excel 基础	PPT 基础	Access 基础	Outlook 基础	Viso 基础	总分	平均分	名次
编号	姓名 成绩							日期：2015 年 7 月 3 日		
20130703001	王兆春	90	87	78	65	86	67			
20130703002	许自强	84	81	98	47	90	86			
20130703003	汪龙林	90	58	43	65	95	62			
20130703004	汪高峰	86	83	67	82	40	80			
20130703005	李传印	88	87	78	83	98	81			
20130703006	刘复生	85	65	40	88	67	80			
20130703007	张宏	55	75	94	75	87	70			
20130703008	杨昆	98	76	95	76	65	63			
20130703009	李云雷	50	46	90	46	46	86			
20130703010	陈均	75	82	86	65	76	87			
平均分										

注：此表一式三份，一份交人力资源部，一份交培训部，一份自存。   主任签名：

图 4-52 案例 4 效果图

案例目标

- 熟练在文档中建立表格并输入数据。
- 熟练对文档进行页面设置。
- 熟练制作表头，插入表头斜线。
- 熟练使用表格格式化。

实施过程

① 启动 Word 2010，新建一个文档并命名为"公司员工办公自动化培训成绩统计表.doc"。

② 打开"页面设置"对话框，使用 A4 纸横向，页边距设置如图 4-53 所示；页眉页脚距的边界距离设置如图 4-54 所示。

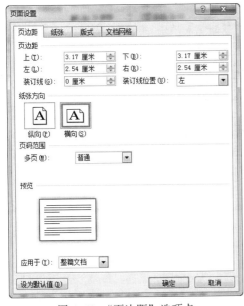

图 4-53　"页边距"选项卡　　　　　　　　　　图 4-54　"版式"选项卡

③ 在文档中输入标题"公司员工办公自动化培训成绩统计表"，设置字体为黑体、字号为小二、对齐方式为居中。在下一行左端输入"部门：人力资源部"，右端输入"日期：2015 年 7 月 3 日"，设置字体为宋体、字号为四号、字形为加粗。按【Enter】键添加空行。

④ 插入一个 12 行 11 列的表格，选择第一行前两个单元格，选择"布局"→"合并"→"合并单元格"命令。再用同样的方法合并最后一行前两个单元格。

⑤ 按照图 4-55 所示的数据，输入员工培训的成绩。

公司员工办公自动化培训成绩统计表

部门：人力资源部　　　　　　　　　　　　　　　　　日期：2015 年 7 月 3 日

		Word 基础	Excel 基础	PPT 基础	Access 基础	Outlook 基础	Viso 基础	总分	平均分	名次
20130703001	王兆春	90	87	78	65	86	67			
20130703002	许自强	84	81	98	47	90	86			
20130703003	汪龙林	90	58	43	65	95	62			
20130703004	汪高峰	86	83	67	82	40	80			
20130703005	李传印	88	87	98	83	98	81			
20130703006	刘复生	85	65	40	88	67	80			
20130703007	张宏	55	75	94	75	87	70			
20130703008	杨昆	98	76	98	76	98	63			
20130703009	李云雷	50	46	46	46	76	86			
20130703010	陈均	75	82	86	76	98	87			
平均分										

图 4-55　输入员工培训成绩表效果

⑥ 选中第一行有标题文字的单元格，选择"页面布局"→"页面设置"→"文字方向"→"文字方向选项"命令，弹出"文字方向-主文档"对话框，选择纵向文字，如图4-56所示。设置字体为宋体、字号为小四。加宽前两列的宽度，选中前两列中未合并的单元格，选择"布局"→"单元格大小"→"平均分列各列"命令，同理选中前两列以外的其他单元格，也平均分布各列，效果如图4-57所示。

<table>
<tr><th></th><th></th><th>Word 基础</th><th>Excel 基础</th><th>PPT 基础</th><th>Access 基础</th><th>Outlook 基础</th><th>Viso 基础</th><th>总分</th><th>平均分</th><th>名次</th></tr>
<tr><td>20130703001</td><td>王兆春</td><td>90</td><td>87</td><td>78</td><td>65</td><td>86</td><td>67</td><td></td><td></td><td></td></tr>
<tr><td>20130703002</td><td>许自强</td><td>84</td><td>81</td><td>98</td><td>47</td><td>90</td><td>86</td><td></td><td></td><td></td></tr>
<tr><td>20130703003</td><td>汪龙林</td><td>90</td><td>58</td><td>43</td><td>65</td><td>95</td><td>62</td><td></td><td></td><td></td></tr>
<tr><td>20130703004</td><td>汪高峰</td><td>86</td><td>83</td><td>67</td><td>82</td><td>40</td><td>80</td><td></td><td></td><td></td></tr>
<tr><td>20130703005</td><td>李传印</td><td>88</td><td>87</td><td>98</td><td>83</td><td>98</td><td>81</td><td></td><td></td><td></td></tr>
<tr><td>20130703006</td><td>刘复生</td><td>85</td><td>65</td><td>40</td><td>88</td><td>67</td><td>80</td><td></td><td></td><td></td></tr>
<tr><td>20130703007</td><td>张宏</td><td>55</td><td>75</td><td>94</td><td>75</td><td>87</td><td>70</td><td></td><td></td><td></td></tr>
<tr><td>20130703008</td><td>杨昆</td><td>98</td><td>76</td><td>95</td><td>76</td><td>65</td><td>63</td><td></td><td></td><td></td></tr>
<tr><td>20130703009</td><td>李云雷</td><td>50</td><td>46</td><td>90</td><td>46</td><td>46</td><td>86</td><td></td><td></td><td></td></tr>
<tr><td>20130703010</td><td>陈均</td><td>75</td><td>82</td><td>86</td><td>65</td><td>76</td><td>87</td><td></td><td></td><td></td></tr>
<tr><td>平均分</td><td></td><td></td><td></td><td></td><td></td><td></td><td></td><td></td><td></td><td></td></tr>
</table>

图 4-56　纵向设置文字　　　　　　图 4-57　调整后的员工培训成绩表效果

⑦ 将鼠标指针指向表格右下角的■按钮，拖动到适当位置。单击表格左上角的⊞按钮选中整个表格，选择"布局"→"对齐方式"→"水平居中"命令。选中纵向标题，选择"布局"→"对齐方式"→"垂直居中"命令。

⑧ 绘制一条或多条斜线表头，选定要制作的单元格，单击"开始"→"段落"组中的◩按钮，即可在所选单元格上画斜线。但在 Word 2010 中如果画两条甚至更多斜线时，就得借助"形状"工具手绘线条。

⑨ 将插入点移到表格下方，输入文本"注：此表一式三份，一份交人力资源部，一份交培训部，一份自存。主任签名："，设置字体为宋体、五号、加粗，并适当调整位置。

⑩ 保存文档。

知识链接

1. 设置页面

设置页面格式主要包括纸张大小、页边距、页面的修饰（设置页眉、页脚和页号）等操作。一般应该在输入文档的当前进行页面设置。Word 2010 允许按系统的默认设置先输入文档，用户可随时对页面重新进行设置。

单击"页面布局"→"页面设置"组中的对话框启动器图标，弹出"页面设置"对话框。"页面设置"对话框中有四个选项卡："页边距""纸张""版式"和"文档网格"。各选项卡的作用如下：

（1）"页边距"选项卡

"页边距"选项卡用于设置文本与纸张的上、下、左、右边界距离，如果文档需要装订，可以设置装订线与边界的距离。还可以在该选项卡上设置纸张的打印方向，默认为纵向，如图4-58所示。

（2）"纸张"选项卡

"纸张"选项卡用于设置纸张的大小（如 A4），如果系统提供的纸张规格都不符合要求，可以选择"自定义大小"选项，并在"宽度"和"高度"文本框内输入数值。还可以设置打印时的纸张纸张来源，如图 4-59 所示。

图 4-58　"页边距"选项卡

图 4-59　"纸张"选项卡

（3）"版式"选项卡

"版式"选项卡用于设置页眉与页脚的特殊格式（首页不同或奇偶页不同），为文档添加行号，为页面添加边框等。如果文档未占满一页，可以设置文档在垂直方向的对齐方式（顶端对齐、居中对齐或两端对齐），如图 4-60 所示。

（4）"文档网格"选项卡

"文档网格"选项卡用于设置每页固定的行数和每行固定的字数，也可只设置每页固定的行数，还可设置在页面上显示字符网格、文字与网格对齐等。这些设置主要用于一些出版物或特殊要求的文档，其设置内容如图 4-61 所示。根据需要，可选择对应的选项卡进行设置，设置完毕，单击"确定"按钮。

图 4-60　"版式"选项卡

图 4-61　"文档网格"选项卡

2．设置页码

Word 2010 可以在"插入"→"页眉和页脚"组中设置页码。除此之外，Word 2010 还可以选择"插入"→"页码"命令，弹出"页码"菜单，如图 4-62 所示，选择需要的命令对页码进行设置即可。

在"页码"菜单中可以选择"页面顶端""页面底端"、"页边距"和"当前位置"命令对页码进行设置。选择"设置页码格式"命令，弹出"页码格式"对话框，可以选择"编号格式""页码编号"等，如图 4-63 所示。与页眉和页脚一样，只有在"页面视图"和"打印预览"显示模式下才能看到页码。

图 4-62　"页码"菜单

图 4-63　"页码格式"对话框

删除页码的方法：双击页码，进入页眉和页脚编辑状态，选定页码按【Delete】键即删除页码，并关闭"页眉和页脚设计"功能区返回。

3．编辑表格

编辑表格包括添加或删除单元格、行或列，移动或复制单元格、行或列中的内容等操作。

（1）选定单元格

① 用鼠标选定表格：

选定一个单元格：将鼠标指针移到该单元格左边，光标为➹时单击。

选定表格中一行：将鼠标指针移到整个表格的最左边，光标为➹时单击。

选定表格中一列：将鼠标指针移到该列上方，光标为↓时单击。

选定多个单元格、或多行、或多列：按住鼠标左键拖动；或先选定开始的单元格，再按【Shift】键并选定其他单元格。也可以将鼠标指针移到表格的上方，指针就变成↓时单击，左右拖动即可选定表格的一列、多列及整个表格，同理也可选中多个单元格或多行。

选定整个表格：当鼠标指针指向表格线的任意地方，表格的左上角会出现表格移动手柄⊞，单击可以选定整个表格。同时单击右下角出现的小方框标记□，沿着对角线方向，可以均匀缩小或放大表格的行宽或列宽，如图 4-64 所示。

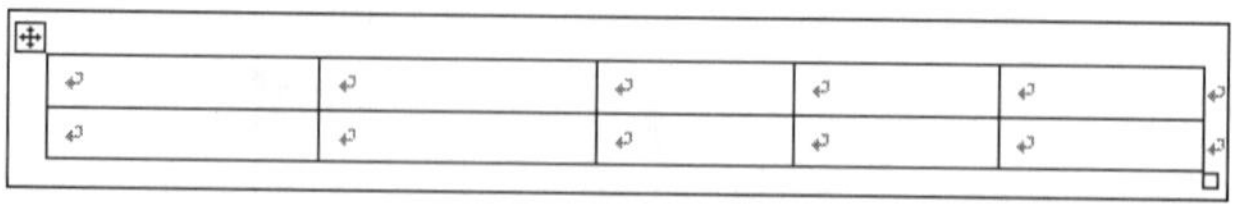

图 4-64　均匀缩小或放大表格

② 用"表格工具"选定表格。将插入点移到选定表格的位置上，选择"布局"→"选择"命令，弹出"选择"子菜单，如图 4-65 所示，可根据需要进行选择。

（2）表格中的插入操作

① 使用"布局"→"行和列"命令插入行、列、单元格。

将插入点移到要插入行、列、单元格的任意一个单元格中，选择"布局"→"行和列"命令，如图 4-66 所示，可选择"在上方插入""在下方插入""在左侧插入""在右侧插入"命令插入行或列。

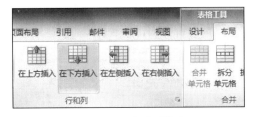

图 4-65　"选择"子菜单　　　　　　　图 4-66　　"行和列"组

② 按【Tab】键在行末插入新行。将光标移到表格的最后一行、最后一列的单元格中，按【Tab】键，即可在表格的末尾插入一个新行。

（3）移动或复制表格中的内容

可以使用拖动、命令或快捷键的方法，将单元格中的内容进行移动或复制，与操作文本的方法相同。

① 用拖动的方法移动或复制单元格、行或列中的内容。

选定所要移动或复制的单元格、行或列，即选定了其中的内容。拖动选定的单元格到新的位置上，然后释放鼠标左键，即实现对单元格及其中文本的移动操作。

如果要复制单元格及文本，则在做完选定后，按【Ctrl】键，再将其拖动到新的位置上。

② 用命令移动或复制单元格、行或列中的内容。

选定所要移动或复制的单元格、行或列。若要移动文本，可选择"开始"→"剪切"命令，或单击快速访问工具栏中的"剪切" 按钮；若要复制文本，可选择"开始"→"复制"命令，或单击快速访问工具栏中的"复制" 按钮。

③ 用快捷键移动或复制单元格、行或列中的内容。

选定所要移动或复制的单元格、行或列。若要移动其中文本，可按【Ctrl+X】组合键；若要复制文本，可按【Ctrl+C】组合键。将光标移到所要移动到或复制到的位置，按【Ctrl+V】组合键。这时，就完成了所选文本的移动或复制操作。

（4）删除表格、行、列和单元格

删除表格中的文本内容与删除一般文本的方法相同。当建立好一个表格后，如果对其不满意，就可以将其中部分单元格、行或列或整个表格删除，以实现对表格结构的调整，达到最佳效果。删除表格中各内容的具体操作如下：

先选定要删除表格的选项："表格""行""列"或"单元格"，选择"布局"→"行和列"→"删除"命令，弹出"删除"子菜单，如图 4-67 所示，选择其中一个命令即可完成删除命令。

（5）调整表格列宽和行高

调整表格列宽和行高有 3 种方法：

方法 1：使用表格属性调整。

方法 2：用鼠标调整。将鼠标指针移到列的竖线上，指针变成↔时，按下鼠标左键并左右拖动该表格列竖线，直到宽度合适时释放鼠标。将鼠标指针移到行的横线上，指针变成÷时，拖动鼠标。

方法 3：用工具栏调整。选择"表格工具"｜"布局"→"单元格大小"→"分布列"或"分布行"命令，可设置所有列的列宽和所有行的行高相等。

选择"布局"→"单元格大小"→"自动调整"→"根据内容调整表格"等命令，也可实现以上所述的设置，如图 4-68 所示。

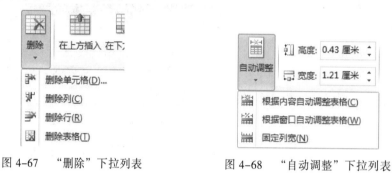

图 4-67　"删除"下拉列表　　　　　　　图 4-68　"自动调整"下拉列表

4.6 【案例 5】完成对员工办公自动化培训的成绩统计

案例分析

接上一案例的内容，本案例主要完成的工作是计算公司员工办公自动化培训成绩的总成绩、平均分，并填写名次。通过该任务使读者熟练使用 Word 2010 表格计算和排序的操作方法，最后完成一份完整的员工培训成绩统计文档。本案例效果图如图 4-69 所示。

公司员工办公自动化培训成绩统计表

部门：人力资源部　　　　　　　　　　　　　　　日期：2015 年 7 月 3 日

编号\成绩\姓名	Word基础	Excel基础	PPT基础	Access基础	Outlook基础	Viso基础	总分	平均分	名次
20130703005	李佳印	88	87	98	83	98	81	535	89.17	1
20130703002	许自强	84	81	98	47	90	86	486	81	2
20130703001	王兆春	90	87	78	65	86	67	473	78.83	3
20130703008	杨昆	98	76	95	76	65	63	473	78.83	4
20130703010	陈均	75	82	86	75	76	77	471	78.5	5
20130703007	张宏	55	75	94	75	87	70	456	76	6
20130703004	汪高峰	86	83	67	82	40	80	438	73	7
20130703006	刘复生	85	75	40	88	67	80	425	70.83	8
20130703003	汪龙林	90	58	43	65	95	62	413	68.83	9
20130703009	李云雷	50.1	76	45	40	66	86	364	60.67	10
平均分		80.1	74	78.9	69.2	75	76.2	453.4	75.57	

注：此表一式三份，一份交人力资源部，一份交培训部，一份自存。　　　主任签名：

图 4-69　案例 5 效果图

案例目标

- 掌握 Word 2010 表格的计算方法。
- 掌握 Word 2010 表格的排序方法。

实施过程

① 打开"公司员工办公自动化培训成绩统计表.doc"文件。

② 将光标插入王兆春的总分单元格，选择"布局"→"数据"→"公式"命令，弹出"公式"对话框，输入公式"=SUM(LEFT)"。按照同样的方法，计算出其他人的总分。

③ 将光标插入王兆春的平均分单元格，选择"布局"→"数据"→"公式"命令，弹出"公式"对话框，输入公式"=AVERAGE(LEFT)"。按照同样的方法，计算出其他人的平均分，并保留两位小数。

④ 将光标插入"Word 基础"的平均分单元格，选择"布局"→"数据"→"公式"命令，弹出"公式"对话框，输入公式"=AVERAGE(ABOVE)"。按照同样的方法，计算出其他科目的平均分，并保留两位小数。

⑤ 拖动鼠标选中除第一行和最后一行的所有数据区域，选择"表格"→"排序"命令，弹出"排序"对话框，在"主要关键字"下拉列表中选择"第 9 列"，在"类型"下拉列表中选择"降序"，单击"确定"按钮。

⑥ 在"名次"列依次输入 1～10 的名次，如图 4-69 所示。

⑦ 表格按编号升序排序，保存文件，关闭文件。

知识链接

Word 2010 可以快速地对表格中行和列的数值进行各种数值计算，如加、减、乘、除以及排序等。但 Word 毕竟是一个文字处理软件，所以这里只能进行少量的简单计算，而对于那些含有复杂计算的表格，应通过插入 Excel 电子表格的方法来完成。例如，计算每个学生三门课程的平均分和各门课程的总和，其计算结果如表 4-1 所示。

表 4-1　学生成绩表

姓名＼科目	数　学	英　语	哲　学	平均分
刘祥	90	80	85	85
李阳	70	90	80	80
张林林	85	92	88	88
总分	245	262	253	

1．按列求和

将光标移到存放数学总分的单元格中，选择"布局"→"数据"→"公式"命令，弹出"公式"对话框，如图 4-70 所示。

此时，"公式"文本框中的内容默认为"=SUM(ABOVE)"。其中 SUM 表示求和，ABOVE 表示对当前单元格上面的数据求和。本例不必修改公式。单击"确定"按钮，插入点所在单元格中出现"245"。

按以上步骤，可以求出其他两门课程的总分。由于是对上面的数据求和，计算公式应为"=SUM(ABOVE)"；若对左边（同一行）的数据求和，计算公式为"=SUM(LEFT)"。

2. 按行求平均分

将光标移到存放"张琳琳平均分"的单元格中，选择"布局"→"数据"→"公式"命令，弹出"公式"对话框。此时，"公式"文本框中的内容默认为"=SUM(ABOVE)"。需要修改公式，单击"粘贴函数"右侧的小箭头，在下拉列表中选择 AVERAGE，表示求平均分，在括号"()"中输入 LEFT，表示对选定单元格左边（同一行）的数据求平均分。则"公式"文本框中的内容为"=AVERAGE(LEFT)"，如图 4-71 所示。单击"确定"按钮，插入点所在单元格中出现 88.33。

单击"编号格式"下拉列表，选择或输入一种格式，如"0"表示小数点后没有数值，如图 4-71 所示。如 0.0 表示小数点后面保留一位。

图 4-70　"公式"对话框　　　　　　　　图 4-71　求平均分

3. 表格的排序

如将表格中各学生的数据行按平均分从小到大重新排序（不包括总分），如表 4-2 所示。

表 4-2　按"平均分"升序排列的结果

科目 姓名	数　学	英　语	哲　学	平　均　分
李阳	70	90	80	80
刘祥	90	80	85	85
张林林	85	92	88	88

将插入光标移到表 3-1 任意一处，选择"表格"→"排序"命令，弹出"排序"对话框，如图 4-72 所示。在"主要关键字"列表框中，选择要进行排序的列。例如，选择标题为"平均分"一列，即按平均分进行排序。在"类型"下拉列表中选择排序所依据的类型。如选择"数字""升序"项。单击"确定"按钮，排序结果如表 4-2 所示。

图 4-72　"排序"对话框

4.7 【案例 6】对员工培训成绩统计表进行美化

案例分析

统计完所有数据，最后还需对数据表格进行美化设置，保证界面的赏心悦目。本案例主要完成的工作是对员工培训成绩统计表进行美化设置，添加底纹和边框。通过该步使读者学会使用 Word 2010 设置文档中的表格边框和底纹的方法，设置自动套用格式的方法，最后形成完整、精美的公司员工办公自动化培训成绩统计表。

本案例效果如图 4-73 所示。

公司员工办公自动化培训成绩统计表

编号 成绩 姓名	Word基础	Excel基础	PPT基础	Access基础	Outlook基础	Viso基础	总分	平均分	名次
20130703005 李传印	88	87	98	83	98	81	535	89.17	1
20130703002 许自强	84	81	98	47	90	86	486	81	2
20130703001 王兆春	90	87	78	65	86	67	473	78.83	3
20130703008 杨昆	98	76	95	76	65	63	473	78.83	4
20130703010 陈均	75	82	86	65	76	87	471	78.5	5
20130703007 张宏	55	75	94	75	87	70	456	76	6
20130703004 汪高峰	86	83	67	82	40	80	438	73	7
20130703006 刘复生	85	65	40	88	67	80	425	70.83	8
20130703003 汪龙林	90	58	43	65	95	62	413	68.83	9
20130703009 李云雷	50	46	90	46	46	86	364	60.67	10
平均分	80.1	74	78.9	69.2	75	76.2	453.4	75.57	

部门：人力资源部　　　　　　　　　　日期：2015 年 7 月 3 日

注：**此表一式三份，一份交人力资源部，一份交培训部，一份自存。**　　　主任签名：

图 4-73　案例 6 效果图

案例目标

- 掌握 Word 2010 设置表格边框和底纹的方法。
- 掌握 Word 2010 设置表格自动套用格式的方法。

实施过程

① 打开"公司员工办公自动化培训成绩统计表.doc"文件。

② 单击表格左上角的"表格移动手柄" ⊞，选中整个表格，在"设计"→"表格样式"组的列表框中选择任意一款表格样式。

③ 选定第 1 行，设置底纹颜色为"浅绿色"。

④ 选定第 3、5、7、9、11 行，设置他们的底纹颜色为"绿色"。

⑤ 选定第 12 行，设置底纹颜色为"橙色"。

⑥ 保存文件，关闭文件。

知识链接

1. 美化表格

美化表格指的是对表格的边框、底纹、字体等进行一些修饰，使表格更加美观，内容清晰整齐。

（1）边框处理

选定所要进行边框处理的单元格或整个表格。选择"布局"→"表"→"属性"命令，弹出"表格属性"对话框，选择"表格"选项卡，单击"边框和底纹"按钮，弹出"边框和底纹"对话框，如图 4-74 所示。

图 4-74　"边框和底纹"对话框

在"边框"选项卡的"设置"区域中有以下设置：

- "无"：取消表格的边框，通常用来制作无线表格，若要查看无线表格的行与列的分界线，可以选择"虚框"按钮，虚框不被打印。
- "方框"：只选取表格的外部框线，取消内部的网格。
- "全部"：选取表格中的全部框线。
- "自定义"：对表格中所要选取的框线进行自定义。选择此项后，可以单击"预览"框中所显示的表格和各条框线，以对它们进行选取。

在"样式"列表框中选择表格边框的线型；在"颜色"下拉列表中选择表格边框的颜色；在"宽度"列表框中选择表格边框的宽度；在"预览"框中单击周围图示或使用按钮均可以设置表格边框的位置。在"应用于"下拉列表中可以选择边框应用的范围。

（2）添加底纹

选定所要添加底纹的单元格或整个表格。在"边框和底纹"对话框中选择"底纹"选项卡，如图 4-75 所示。选择对底纹进行设置的各选项，可以设置底纹颜色和图案样式，单击"确定"按钮，关闭对话框。

（3）"绘图边框"功能区

选定要添加边框和框线的单元格或整个表格。在"设计"→"绘图边框"组的"线型"下拉列表中选择框线的线型，在"线宽"下拉列表中选择框线的宽度，单位是磅，默认线宽是 0.5 磅。选择"设计"→"表格样式"→"底纹"命令，出现一个调色板，从中选择线的颜色。从"边框"下拉列表中选择要加边框的位置，如图 4-76 所示。实线表示加边框，虚线表示没有边框，用户可以反复操作，直到满意为止。

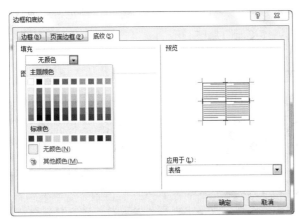

图 4-75　"底纹"选项卡　　　　　　　　　　图 4-76　"边框"下拉列表

2. 使用表格自动套用格式

在绘制表格时，除了自己设计表格的格式外，Word 2010 还提供了 98 种表格样式，设置了一套完整的字体、边框、底纹等格式，用户可以选择适合的表格样式快速完成表格的设置。

（1）套用边框和底纹

将插入点放置于要设置自动套用格式的表格中，选择"设计"→"表格样式"列表框中的多款样式模板，如图 4-77 所示。在 Word 2010 中，"表格样式"列表框中的表格样式是可以预览的，选择一种格式，例如，选择"浅色列表"，单击即可套用。

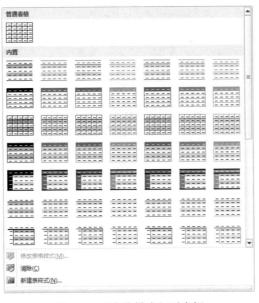

图 4-77　"表格样式"列表框

（2）"表格样式"使用说明

表格样式列表框中预定义了 98 种表格样式，选定一种，其下边的"预览"框中就会显示出一种格式的效果，每一种预定义的格式都包含已设置的边框、底纹、字体、颜色、自动调整信息的大小，并对特殊格式有具体规定。用户也可以通过"自定义表样式"命令以预定格式为基础重新设定格式，还可以对原来的格式用"清除"命令进行删除。

本 章 小 结

Word 是现代办公必不可少的软件，对本章的学习应该是实践大于理论，这样有利于读者熟悉掌握 Word 2010 在实际应用中的各种技巧。本章从实践的角度出发，精选了 6 个案例，知识点包含文档的创建、打开、输入、保存等基本操作，文本的选定、插入与删除、复制与移动、查找与替换等基本编辑技术，字体格式设置、段落格式设置、文档页面设置、文档背景设置和文档分栏等基本排版技术，表格的创建、修改，表格的修饰，表格中数据的输入与编辑，数据的排序和计算，图形和图片的插入，图形的建立和编辑，文本框、艺术字的使用和编辑等知识。

第 5 章 ‖ Excel 2010 电子表格处理软件

【知识目标】

- 了解 Excel 常用的函数。

【技能目标】

- 了解 Excel 的工作界面及特点。
- 能够创建 Excel 工作表，并对工作簿和工作表进行管理。
- 掌握 Excel 图标的编辑。
- 掌握 Excel 中基本函数的应用。
- 熟练应用 Excel 的各种数据功能。

Excel 和 Word 一样，也是微软公司（Microsoft）出品的 Office 系列办公软件中的一个组件，其主要用途是创建和编辑电子表格，进行数据的复杂运算、分析和预测，完成各种统计图表的绘制。另外，运用打印功能还可以将数据以各种统计报表和统计图的形式打印出来。目前，该软件广泛应用于金融、财务、企业管理和行政管理等各领域。

本章将以实际应用为例，介绍 Excel 2010 的基本用法和技巧。

5.1 Excel 2010 简介

Excel 在 Office 办公软件中的功能是数据信息的统计和分析。它是一个二维电子表格软件，能以快捷方便的方式建立报表、图表和数据库。利用 Excel 2010 平台提供的函数（表达式）与丰富的功能对电子表格中的数据进行统计和数据分析，为用户在日常办公中从事一般的数据统计和分析提供了一个简易快速平台。因此，在本章的学习中，必须掌握如何快捷建立表格，运用函数和功能区进行统计和数据分析，掌握建立图表的技能以形象地说明数据趋势。

从 1985 年的第一个版本 Excel 1.0 到现在的 Excel 2010，Excel 的功能越来越丰富，操作也越来越简便，本书将以广泛使用的 Excel 2010 为基础进行介绍（考虑到文档使用时的兼容性，本书建立的所有文档均保存为 Excel 93-2003 工作簿，扩展名为*.xls），其主要功能如下所述：

1. 数据库的管理

Excel 作为一种电子表格工具，对数据库进行管理是其最有特色的功能之一。系统提供了大量处理数据库的相关命令和函数，用户可以方便地组织和管理数据库。

2. 数据分析和图表管理

除了可以做一般的计算工作之外，Excel 还以其强大的功能、丰富的格式设置选项为直观化的数据分析提供了有效的途径。用户可以进行大量的分析与决策方面的工作，并对用户的数据进行优化。此外，还可以根据工作表中的数据源迅速生成二维或三维的统计图表，并对图表中的文字、图案、色彩、位置和尺寸等进行编辑和修改。

3. 在一个单元格中创建数据图表

迷你图是 Excel 的新功能，可使用它在一个单元格中创建小型图表以快速发现数据的变化趋势。这是一种突出显示重要数据趋势（如季节性升高或下降）的快速简便的方法，可节省大量时间。

4. 快速定位正确的数据点

切片器功能在数据透视表视图中提供了丰富的可视化功能，方便动态分割和筛选数据以显示需要的内容。使用搜索筛选器，可用较少的时间审查表和数据透视表视图中的大量数据集，而将更多时间用于分析。

5. 对象的链接和嵌入

利用 Windows 操作系统的链接和嵌入技术，用户可以将其他软件制作的内容插入到 Excel 的工作表中。当需要更改图案时，在图案上双击，制作该图案的软件就会自动打开，修改或编辑后的图形也会在 Excel 中显示出来。

6. 数据清单管理和数据汇总

可通过记录单添加数据用户或对清单中的数据进行查找和排序，并对查找到的数据自动进行分类汇总。

7. 交互性强和动态的数据透视图

从数据透视图快速获得更多认识。可直接在数据透视图中显示不同的数据视图，这些视图与数据透视表视图相互独立，可为数字分析捕获最有说服力的视图。

5.1.1　Excel 2010 的启动与退出

1. 启动 Excel 2010

Excel 2010 的启动方法与 Word 2010 的启动方法完全一致，同样可通过以下几种方式完成：
① 从"开始"菜单中启动 Excel 2010。
② 通过快捷图标启动 Excel 2010。
③ 通过已存在的文档启动 Excel 2010。
④ 开机自动启动 Excel 2010。

2. 退出 Excel 2010

Excel 2010 的退出方法也与 Word 2010 的退出方法完全一致，包括：
① 双击 Excel 2010 工作窗口左上角的控制菜单图标。
② 单击 Excel 2010 程序窗口右上角的"关闭"按钮。
③ 选择"文件"→"退出"命令。
④ 使用【Alt+F4】组合键。

5.1.2　Excel 2010 的工作界面

启动 Excel 2010 后，其操作界面如图 5-1 所示。Excel 2010 的窗口主要包括快速访问工具栏、标题、窗口控制按钮、选项卡、功能区、名称框、编辑栏、工作区、行号、列标、状态栏和滚动条等。

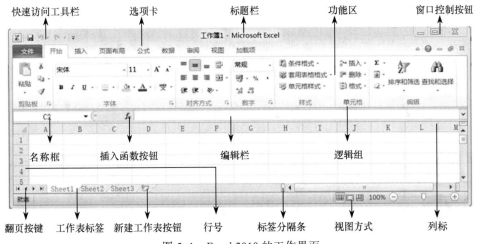

图 5-1　Excel 2010 的工作界面

（1）标题栏

标题栏用于标识当前窗口程序或文档窗口所属程序或文档的名字，如"工作簿 1-Microsoft Excel"。此处"工作簿 1"是当前工作簿的名称，"Microsoft Excel"是应用程序的名称。如果同时又建立了另一个新的工作簿，Excel 自动将其命名为"工作簿 2"，依此类推。在其中输入信息后，需要保存工作簿时，用户可另取一个与表格内容相关的更直观的名字。

（2）选项卡

选项卡包括"文件""开始""插入""页面布局""公式""数据""审阅""视图""加载项"等，用户可根据需要在选项卡之间进行切换，不同的选项卡对应不同的功能区。

（3）功能区

每一个选项卡都对应一个功能区，功能区命令按逻辑组的形式组织，旨在帮助用户快速找到完成某一任务所需的命令。为了使屏幕更为整洁，可以使用窗口右上角控制按钮下的 ⌃ 按钮打开/关闭功能区。

（4）快速访问工具栏

快速访问工具栏 位于窗口左上角（也可以将其放在功能区的下方），通常放置一些最常用的命令按钮，可单击自定义工具栏右边的 ▾ 按钮根据需要删除或添加常用命令按钮。

（5）名称框

名称框用于显示（或定义）活动单元格或区域的地址（或名称）。单击名称框旁边的下拉按钮可弹出一个下拉列表，列出所有已自定义的名称。

（6）编辑栏

编辑栏用于显示当前活动单元格中的数据或公式。可在编辑栏中输入、删除或修改单元格的内容。编辑栏中显示的内容与当前活动单元格的内容相同。

（7）工作区

在编辑栏下面是 Excel 的工作区，在工作区窗口中，列标和行号分别标在窗口的上方和左边。列标用英文字母 A～Z、AA～AZ、BA～BZ 命名，共 16 348 列；行号用数字 1～1 048 576 标识，共 1 048 576 行。行号和列标的交叉处就是一个表格单元（简称单元格）。整个工作表包括 16 348 × 1 048 576 个单元格。

（8）工作表标签

工作表的名称（或标题）出现在屏幕底部的工作表标签上。默认情况下，名称是 Sheet1、Sheet2 等，但用户也可为任意工作表指定一个更恰当的名称。

5.2 【案例1】创建一个公司员工档案信息表

案例分析

员工信息一般包括员工的工号、姓名、性别、出生日期、部门、职务、职称、学历、联系电话、基本工资等信息。使用 Excel 2010 制作表格，可以利用自动填充功能、数据有效性等技巧提高数据输入速度又能防止输入错误。

案例目标

- 熟练启动与退出 Excel 2010 以及工作簿的建立与保存。
- 熟练输入与编辑不同类型的数据。
- 掌握自动填充功能。
- 掌握数据有效性的设置。

实施过程

① 启动 Excel 2010 新建一个工作簿，并保存在 E 盘中的"工作文件"文件夹内，文件名为"公司员工档案信息表.xls"。

② 选中 A1 单元格，输入表格标题"公司员工档案信息表"。

③ 依次在 A2～H2 中输入工作表的列标题，如图 5-2 所示。

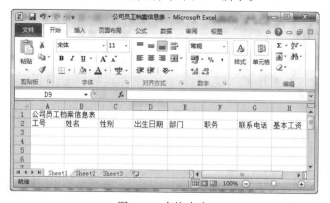

图 5-2　表格表头

④ 选中 A3 单元格，在 A3 单元格中输入"'4009001"。将鼠标指针指向 A3 单元格右下角的填充柄上，如图 5-3 所示，鼠标指针由空心十字变成实心十字时，按住鼠标左键向下拖动填充柄，则从单元格 A4～A20 自动填充员工工号"4009002～4009018"。

图 5-3　自动填充员工工号

⑤ 在 B 列中输入"姓名"列的内容。

⑥ 输入"性别"内容。

a. 选中 C3 单元格，输入"男"，将鼠标指针移至该单元格右下角，拖动填充柄。

b. 单击性别应该为"女"的单元格，输入"女"代替"男"。

⑦ 输入"出生日期"列的数据，年月日之间用"-"隔开。

⑧ 应用数据有效性设置，强制从指定的下拉列表中选择输入"部门"和"职务"列的数据。

a. 单击"部门"列第一个要输入的单元格 E3。

b. 选择"数据"→"数据工具"→"数据有效性"命令，在弹出的"数据有效性"对话框中，选择"设置"选项卡，在"允许"下拉列表中选择"序列"选项，在"来源"文本框中输入各个部门的名称："行政部，办公室，销售部，人事部，财务部，研发部，客服部"，如图 5-4 所示，单击"确定"按钮。

注意：部门之间用英文半角的逗号隔开。

c. 如图 5-5 所示，选择"输入信息"选项卡，在"标题"文本框中输入"部门"，在"输入信息"文本框中输入"请从下拉列表中选择输入部门"。

d. 选择"出错警告"选项卡，如图 5-6 所示，设置出错提示信息。在"标题"文本框中输入"部门"，在"错误信息"文本框中输入"输入有误！"

e. 选中 E3 单元格，拖动填充柄，将数据有效性设置复制到其他单元格。

图 5-4　"设置"选项卡

图 5-5　"输入信息"选项卡

　f. 从下拉列表中选择每个职员的部门，如图 5-7 所示。

　⑨ 利用相同的方法对"职务"进行有效性设置，从"经理，副经理，职员"中选择输入数据。

图 5-6　"出错警告"选项卡

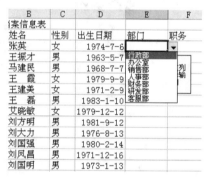

图 5-7　"部门"下拉列表

　⑩ 输入员工的联系电话。由于手机号码位数是 11 位，为了防止输错位数，在输入号码前先用有效性限定手机号码为 11 位，具体步骤如下：

　a. 单击 G3 单元格。

　b. 选择"数据"→"数据工具"→"数据有效性"命令，在弹出的"数据有效性"对话框中选择"设置"选项卡，在"允许"下拉列表中选择"文本长度"选项，在"数据"下拉列表中选择"等于"选项，在"长度"文本框中设置"11"，如图 5-8 所示，单击"确定"按钮。

　c. 依次输入员工的手机号码。当输错位数时，如输入"139123456789"，系统会弹出报错信息，如图 5-9 所示。

图 5-8　"数据有效性"对话框

图 5-9　出错信息

⑪ 在 H3～H20 单元格中依次输入员工的基本工资。

⑫ 在"联系电话"左边插入"学历"列。

a. 选中 G 列，选择"插入"→"行和列"→"列"命令，即在"联系电话"前面插入一个空列。

b. 将同一工作簿中的"员工学历情况表"中的"学历"一列复制到刚插入的空列中。

⑬ 将工作表 Sheet1 重名为"员工档案信息表"，效果如图 5-10 所示。

图 5-10　员工信息表

知识链接

1. 工作簿的基本操作

工作簿是 Excel 2010 用来处理和存储数据的文件，类似于 Word 2010 的文档。工作簿文件的扩展名是.xlsx，而 Word 文档的扩展名是.docx（本书建立文档采用兼容性处理，工作簿文件的扩展名仍是.xls，而 Word 文档的扩展名仍是.doc）。工作簿是由若干（1～255）张工作表组成，即工作表是构成工作簿文件的基本单位。Excel 2010 的工作簿文件默认的由 3 张工作表组成，可以通过"文件"→"选项"命令，在"常规"选项中来更改默认的工作表个数。

（1）新建工作簿

Excel 2010 中通过如下 3 种方法来建立一个新的工作簿：

① 在启动 Excel 2010 后，将自动建立一个全新的工作簿 1。

② 选择"文件"→"新建"命令，通过"新建"界面来创建，如图 5-11 所示。

③ 按【Ctrl+N】组合键，或单击快速访问工具栏中的"新建"按钮直接创建空白工作簿。

（2）打开工作簿

打开一个已有工作簿，可以通过下面的几种方法：

① 单击快速访问工具栏中的"打开"按钮。

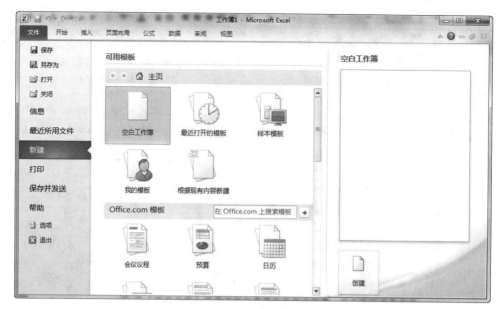

图 5-11　新建空白工作簿

② 选择"文件"→"打开"命令。

③ 在"计算机"窗口中找到需要打开的工作簿，双击即可将其打开。

④ 如果"开始"→"最近使用的文档"级联菜单中有需要打开的工作簿，单击即可打开。

（3）保存工作簿

用户在建立、编辑完一个工作簿文件后，通常要将它保存在磁盘上，以便今后继续使用。这里有两种保存方式，一种是针对未命名的工作簿，一种是针对已存在的工作簿。

• 保存新建立的工作簿

单击快速访问工具栏中的"保存"按钮，或者选择"文件"→"保存"或"另存为"命令，或者按【Ctrl+S】组合键，在弹出的"另存为"对话框中，确定"保存位置"和"文件名"后，单击"保存"按钮。

• 保存已有的工作簿

单击快速访问工具栏中的"保存"按钮，或者选择"文件"→"保存"命令，或者按【Ctrl+S】组合键即可。

2．工作表的建立与编辑

工作表是用户进行数据编辑和操作的界面，位于工具栏下方空白的区域就是电子表格的"工作表"区域，由行号、列标和网格线构成。工作表提供了一系列的单元格，单元格是构成工作表的基本单位，各单元格也各有一个名称。选定某个单元格后，其名称会出现在名称框中，如 A5。其中大写的英文字母表示列标，阿拉伯数字表示行号。在中文 Excel 2010 中，行号为 1～1 048 576，共计 1 048 576 行；列标为 A～IV，共计 163 348 列。无论何种数据，均存放在某个单元格中。

（1）选定单元格或单元格区域

单元格是工作表中最基本的单位，在对工作表操作前，必须选择单元格或单元格区域作为操作对象。

① 选取一个单元格时有以下几种方法：

使用鼠标选定：在需要选定的单元格上单击，被选定的单元格被粗线框起来，表示它已成为活动单元格，在名称框中显示该单元格的地址。

使用键盘选定：使用键盘上的方向键，可快速定位当前单元格。

② 选取单元格区域分为连续单元格区域和不连续单元格区域。

选取连续单元格区域：将鼠标指针移到该区域左上角的单元格，按住鼠标左键拖到该区域右下角的单元格，释放鼠标左键即可。选定的单元格区域将呈高亮显示。如果该单元格区域较大，可先单击该区域左上角的单元格后，按住【Shift】键的同时单击该区域右下角的单元格，可快速方便地选定相邻的单元格区域。

选取多个不连续的单元格区域：按住鼠标左键并拖动选定第一个单元格区域，按住【Ctrl】键，然后选择其他单元格或连续的单元格区域即可。

（2）工作表中数据的输入

在数据的输入过程中，系统会自行判断用户输入数据的所属类型，并进行适当处理。在工作表中输入数据常常可以通过以下几种方法来实现：

① 选择需要输入数据的单元格，然后直接输入数据，输入的内容将直接显示在单元格及编辑栏中。

② 单击单元格，然后单击编辑栏，在编辑栏中输入或编辑当前单元的数据。

③ 双击单元格，单元格内弹出插入光标，移动光标到所需位置，即可进行数据的输入或编辑修改。

● 文本型数据的输入

文本型数据包括字符、数字、汉字、符号及其组合等。用户在输入文本型数据时需注意以下几点：

① 在当前单元格中，一般文字如字母、汉字等直接输入即可。

② 若输入数据值文本（如身份证号码、电话号码、学号等），应先输入英文半角状态下的"'"，再输入相应的数字，Excel 会自动在该单元格左上角加上绿色的三角标记，说明该单元格中的数据为文本，如图 5-12 所示。

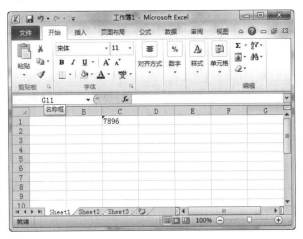

图 5-12　输入数值型文本

③ 若一个单元格中输入的文本过长，Excel 允许其覆盖右边相邻的无数据的单元格；若相邻单元格中有数据，则过长的文本将被截断，但在编辑栏中可看到该单元格中输入的全部文本。

- 数值型数据的输入

在 Excel 2010 中，数值型数据可以是 0～9 的数字、+、−、（、）、千分位号、.（小数点）、/、$、%、E、e 等的组合。

输入数值型数据时，需注意以下几点：

① 用户输入分数时，为了避免与日期型数据混淆，应在分数前先输入"0"及一个空格。如用户需要得到分数 2/5，应输入"0 2/5"。如果直接输入"2/5"，则系统将把它视为日期，显示成 2 月 5 日。

② 输入负数时，应在负数前输入负号，或将其置于括号中。如−8 应输入−8 或(8)。

③ 在数字间可以用千分位号"，"隔开，如输入"12,002"。

④ 单元格中的数字格式决定 Excel 2010 在工作表中显示数字的方式。如果在"常规"格式的单元格中输入数字，Excel 2010 会将数字显示为整数、小数，或者当数字长度超出单元格宽度时以科学计数法的形式来表示。采用"常规"格式的数字长度为 11 位，其中包括小数点和类似 E 和"+"这样的字符。如果要输入并显示多于 11 位的数字，可以使用内置的科学记数格式（即指数格式）或自定义的数字格式。

- 日期时间型数据的输入

Excel 2010 将日期和时间视为数字处理。工作表中的时间或日期的显示方式取决于所在单元格中的数字格式。在输入了 Excel 可以识别的日期或时间数据后，单元格格式会从"常规"数字格式改为某种内置的日期或时间格式。

在默认状态下，日期和时间项在单元格中右对齐。如果 Excel 不能识别输入的日期或时间格式，输入的内容将被视为文本，并在单元格中左对齐。

默认的日期和时间符号是用斜线（/）和连字符（−）作为日期分隔符，冒号（:）用作时间分隔符。例如，2014/6/6、2014−6−6、6/Jun/2014 或 16−Jun−2014 都表示 2014 年 6 月 6 日。

如果要在同一单元格中同时输入日期和时间，请在其间用空格分隔。

如果要基于 12 小时制输入时间，请在时间后输入一个空格，然后输入 AM 或 PM（也可 A 或 P），用来表示上午或下午。否则，Excel 将基于 24 小时制计算时间。例如，如果输入 3:00 而不是 3:00PM，将被视为 3:00AM 保存。

时间和日期可以相加、相减，并可包含到其他运算中。如果要在公式中使用日期或时间，请用带引号的文本形式输入日期或时间值。

如果要输入当天的日期，则按【Ctrl+;】组合键。如果要输入当前的时间，则按【Ctrl+Shift+:】组合键。

（3）数据序列的自动填充

在 Excel 单元格中填写数据时，经常会遇到一些在结构上有规律的数据，例如，2009、2010、2011；周一、周二、周三等。对于这些数据，可以采用数据的自动填充技术，让它们自动弹出在一系列的单元格中。

填充功能是通过填充柄或"序列"对话框来实现的。单击一个单元格或拖动鼠标选定一个连续的单元格区域时，框线的右下角会弹出一个黑色"+"号，这个黑色"+"号就是填充柄，如图 5−13

所示。打开"序列"对话框的方法是：选择"开始"→"编辑"→"填充"→"系列"命令即可，如图 5-14 所示。

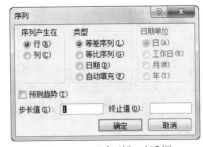

图 5-13　填充柄　　　　　　图 5-14　"序列"对话框

① 数字的填充方式：等差序列、等比序列、日期、自动填充。

以等差或等比序列方式填充需要输入步长值（步长值可以是负值，也可以是小数，并不一定要为整数）和终止值（如果所选范围还未填充完就已到终止值，那么余下的单元格将不再填充；如果填充完所选范围还未达到终止值，则到此为止）。自动填充功能的作用是将所选范围内的单元全部用初始单元格的数值填充，也就是用来填充相同的数值。

例如，从工作表初始单元格 A1 开始沿列方向填入 2、4、6、8、10 这样一组数字序列，这是一个等差序列，初值为 2，步长 2，可以采用以下几种方法填充：

a. 利用鼠标拖动法。拖动法是利用鼠标按住填充柄向上、下、左、右 4 个方向拖动来填充数据。填充方法为：在初始单元格 A1 中输入 2，再在单元格 A2 中输入 4，用鼠标选定单元格 A1、A2 后按住填充柄向下拖动至单元格 A5 时放手即可，如图 5-15 所示。

图 5-15　自动填充

b. 利用"序列"对话框。在初始单元格 A1 中输入 2，选择"开始"→"编辑"→"填充"→"系列"命令，弹出"序列"对话框。在"序列产生在"区域选择"列"单选按钮，在"类型"区域选择"等差序列"单选按钮，在"步长值"数值框中输入 2，在"终止值"数值框中输入 10，然后单击"确定"按钮，如图 5-16 所示。

c. 利用鼠标右键。在初始单元格 A1 中输入 2，用鼠标右键按住填充柄向下拖动到单元格 A5 时释放鼠标，这时会弹出

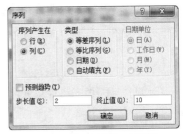

图 5-16　"序列"对话框

一个快捷菜单，选择"序列"命令，以下操作与利用"序列"对话框操作的方法一样。

② 日期序列填充。日期序列包括日期和时间。当初始单元格中的数据格式为日期时，利用"序列"对话框进行自动填写，"类型"自动设定为"日期"，"日期单位"中有 4 种单位按步长值（默认为 1）进行填充选择："日""工作日""月""年"。

如果选择"自动填充"单选按钮，则无论是日期还是时间，填充结果相当于按步长为 1 的等差序列填充。利用鼠标拖动填充的结果与"自动填充"相同。

③ 文本填充。在涉及文本填充时，需注意以下 3 点：

a. 文本中没有数字。填充操作都是复制初始单元格内容，"序列"对话框中只有自动填充功能有效，其他方式无效。

b. 文本中全为数字。当在文本单元格格式中，数字作为文本处理的情况下，填充时将按等差序列进行。

c. 文本中含有数字。无论采用何种方法填充，字符部分不变，数字按等差序列、步长为 1（从初始单元格开始向右或向下填充步长为正 1，从初始单元格开始向左或向上填充步长为负 1）变化。如果文本中仅含有一个数字，数字按等差序列变化，与数字所处的位置无关；当文本中有两个或两个以上数字时，只有最后面的数字才能按等差序列变化，其余数字不发生变化。

④ 创建自定义序列。如果用户所需的序列比较特殊，比如（第一次、第二次、第三次、第四次）可以先加以定义，再像内置序列那样使用。自定义序列的操作步骤如下：

选择"文件"→"选项"→"高级"命令，在打开的界面中单击"常规"区域中的"编辑自定义列表"按钮，弹出 "自定义序列"对话框，如图 5-17 所示。

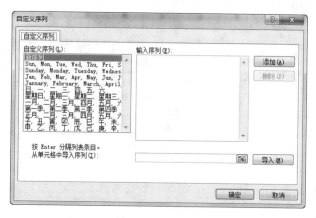

图 5-17　"自定义序列"对话框

在"输入序列"列表框中输入自定义序列的全部内容，每输入一条按一次【Enter】键，完成后单击"添加"按钮，整个序列输入完毕后单击"确定"按钮。

（4）工作表的编辑

① 单元格的复制与移动。这里所说的数据移动或复制是将单元格或单元格区域中的数据移动或复制到另一单元格或单元格区域中。在 Excel 2010 中，数据的复制可以利用剪贴板，也可以用鼠标拖放进行操作。

● 单元格中部分数据的移动或复制

双击要编辑的单元格，选中要移动或复制的数据并右击，弹出快捷菜单，若要复制数据，就选择"复制"命令或按【Ctrl+C】组合键；若要移动数据，就选择"剪切"命令或按【Ctrl+X】组合键。然后选中要粘贴数据的单元格并右击，在弹出的快捷菜单中选择"粘贴"命令或按【Ctrl+V】组合键，再按【Enter】键即可。

● 移动或复制单元格或单元格区域

选中需要移动或复制的单元格或单元格区域并右击，在弹出的快捷菜单中选择"剪切"命令（用户移动单元格或单元格区域）或"复制"命令（用户复制单元格或单元格区域），然后选中需要粘贴单元格或单元格区域的位置并右击，在弹出的快捷菜单中选择"粘贴"命令即可。

● 选择性粘贴

一个单元格含有多种特性，如内容、格式、批注等，可以使用选择性粘贴复制它的部分特性。选择性粘贴的操作步骤为：先将数据复制到剪贴板，再选择待粘贴目标区域中的第一个单元格。选择"开始"→"剪贴板"→"粘贴"→"选择性粘贴"命令，弹出图 5-18 所示的对话框。选择相应选项后，单击"确定"按钮即可完成选择性粘贴。

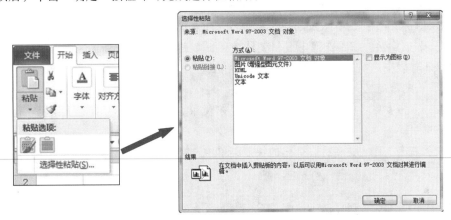

图 5-18　"选择性粘贴"对话框

② 插入单元格、行和列。

a. 插入单元格。在需要插入空白单元格的位置选中相应的单元格区域。注意，选中的单元格数目应与待插入的空白单元格数目相同。选择"开始"→"单元格"→"插入"→"插入单元格"命令，弹出"插入"对话框，如图 5-19 所示。在该对话框中，根据需要选择"活动单元格右移"或"活动单元格下移"单选按钮，单击"确定"按钮。

b. 插入行或列。如果要在某行上方插入新的一行，则选中该行或其中的任意单元格，然后选择"插入"→"行"命令，或右击，在弹出的快捷菜单中选择"开始"→"单元格"→"插入"→"插入工作表行"命令。如果要在某行上方插入 n 行，则选中需要插入的新行之下相邻的 n 行，然后选择"插入"→"插入工作表行"命令。

如果只需要插入一列，则选中需要插入新列的右侧相邻列或其任意单元格，然后选择"插入"→"插入工作表列"命令；或右击，在弹出的快捷菜单中选择"插入"→"整列"命令。如果需要插入 n 列，则选定需要插入的新列右侧相邻的 n 列，然后选择"插入"→"插入工作表列"命令。

③ 删除单元格、行和列。

a. 删除单元格。选中要删除的单元格，选择"开始"→"单元格"→"删除"→"删除单元格"命令，弹出图 5-20 所示的"删除"对话框。在该对话框中，根据需要选择相应的选项，然后单击"确定"按钮，周围的单元格将依次移动并填补删除后的空缺。

图 5-19 "插入"对话框

图 5-20 "删除"对话框

b. 删除行或列。选中要删除的行或列，然后选择"开始"→"单元格"→"删除"命令，下边的行或右边的列将自动移动并依次填补删除后的空缺。

（5）工作表的操作

在利用 Excel 进行数据处理的过程中，对单元格的操作是最常使用的。但很多情况下，也需要对工作表进行操作，如工作表的切换、重命名、插入、删除、隐藏和显示等。

① 工作表的切换。在工作簿中，一次只能对一个工作表进行操作，但可以通过单击工作表标签在多张工作表中之间进行切换。

② 工作表的重命名。

方法 1：双击要更名的工作表标签，此时工作表标签呈高亮显示，即处于编辑状态，输入新的工作名称即可。

方法 2：右击工作表标签，在弹出的快捷菜单中选择"重命名"命令，在标签处输入新的工作名称即可。

③ 插入、删除工作表。

插入新工作表的具体步骤如下：

a. 选定当前工作表。

b. 右击该工作表标签，在弹出的快捷菜单中选择"插入"命令。

c. 在弹出的"插入"对话框中选择工作表的模板，然后单击"确定"按钮。

d. 新的工作表就会插入到当前工作表的前面。

删除工作表的具体步骤如下：

a. 单击需要删除的工作表的标签，选定当前工作表。

b. 右击当前工作表的标签，在弹出的快捷菜单中选择"删除"命令。

c. 弹出确认删除的对话框，单击"确定"按钮，即可删除当前工作表。

④ 复制和移动工作表。选择所要移动或复制的工作表标签，如果要移动，拖动所选标签到目的位置；如果要复制，则按住【Ctrl】键的同时拖动工作表标签。

5.3 【案例 2】美化公司员工档案信息表

案例分析

将员工信息输入和整理完成后，为了美观和显示清晰，便于查阅，本案例需要对该工作表进行一些格式设置。

案例目标

- 掌握格式的设置。
- 掌握条件格式的设置。

实施过程

① 选中 A1:I1 单元格区域，选择"开始"→"对齐方式"→"合并且居中"命令。

② 选中标题文字，选择"开始"→"字体"组，设置字体为黑体，字号为 24。

③ 选中 A2:I2 单元格区域，用相同的方法设置列标题文字格式为宋体，12 号，加粗且倾斜。其余文字使用默认格式。

④ 选中第 1 行，选择"开始"→"单元格"→"格式"→"自动调整行高"命令，如图 5-21 所示。利用同样的办法，调整各列为最合适列宽。

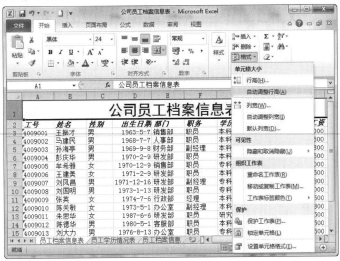

图 5-21　选择"自动调整行高"命令

⑤ 选中第 2 行至 20 行，选择"开始"→"单元格"→"格式"→"行高"命令，在弹出的"行高"对话框中，输入行高值为 18。

⑥ 选中 A2:I20 单元格区域，选择"开始"→"单元格"→"格式"→"设置单元格格式"命令，在弹出的"设置单元格格式"对话框中选择"对齐"选项卡，在"水平对齐"方式中选择"居中"，同样在"垂直对齐"方式中也选择"居中"，如图 5-22 所示。

⑦ 选中 I3:I20 单元格区域，选择"开始"→"样式"→"条件格式"→"新建规则"命令，弹出"新建格式规则"对话框，设置条件为"单

图 5-22　"设置单元格格式"对话框

元格数字"，"大于"5 500 的数字用红色原点标注。

⑧ 选中 A1 单元格，选择"开始"→"字体"组，单击"填充颜色"下拉按钮，在弹出的面板中选择"海绿"色填充底纹。完成效果如图 5-23 所示。

	A	B	C	D	E	F	G	H	I
1					公司员工档案信息表				
2	工号	姓名	性别	出生日期	部门	职务	学历	联系电话	基本工资
3	4009001	王振才	男	1963-5-7	销售部	职员	本科	139×××9843	●6000
4	4009002	马建民	男	1968-7-7	人事部	职员	本科	133×××7579	5500
5	4009003	孙海亭	男	1969-9-8	财务部	副经理	本科	189×××1233	●5800
6	4009004	彭庆华	男	1970-2-9	研发部	职员	本科	135×××4621	5500
7	4009005	牟希雅	女	1970-12-9	销售部	职员	专科	134×××2563	4000
8	4009006	王建美	女	1971-2-9	研发部	职员	专科	139×××7354	5500
9	4009007	刘凤昌	男	1971-12-16	研发部	副经理	专科	135×××6853	●5800
10	4009008	刘国明	男	1973-1-13	研发部	职员	专科	139×××3395	4000
11	4009009	张英	女	1974-7-6	行政部	经理	本科	137×××5373	●6500
12	4009010	陈关敏	女	1973-5-1	办公室	副经理	本科	134×××8294	●5800
13	4009011	朱思华	女	1987-6-6	研发部	职员	研究生	135×××1935	5500
14	4009012	陈德华	男	1980-5-1	客服部	职员	本科	138×××0093	5500
15	4009013	刘大力	男	1976-8-13	办公室	职员	专科	135×××2552	5500
16	4009014	王霞	女	1979-9-9	销售部	职员	研究生	137×××3234	4000
17	4009015	艾晓敏	女	1979-12-12	行政部	职员	专科	132×××2832	5000
18	4009016	刘国强	男	1980-2-4	人事部	副经理	研究生	136×××7768	●5800
19	4009017	刘方明	男	1981-9-12	销售部	职员	专科	137×××7809	3500
20	4009018	王磊	男	1983-1-10	销售部	职员	专科	138×××6539	3500

图 5-23　美化工作表效果图

知识链接

1. 字符格式设置

字符格式包括字体、字号、字形、字体颜色等，可以使用"开始"→"单元格"→"格式"命令来完成。

① 选定要设置字符的单元格或单元格区域。

② 单击"开始"→"字体"组中的 图标，弹出"设置单元格格式"对话框，选择"字体"选项卡，如图 5-24 所示，在"字体"列表框中选择相应的选项。

③ 单击"确定"按钮。

2. 数字格式的设置

在工作表的单元格中输入的数字，通常按默认显示，但有时对单元格中的数据格式有一定的要求，比如保留一位小数，表示成货币符号等。Excel 中数字格式的分类如图 5-25 所示。

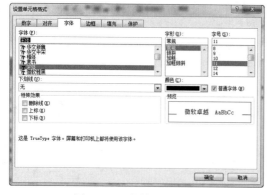

图 5-24　"字体"选项卡

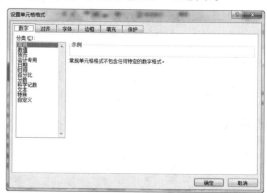

图 5-25　"数字"选项卡

① 选定需要格式化数字的单元格或单元格区域。

② 用同样的方法打开"设置单元格格式"对话框，选择"数字"选项卡，如图 5-25 所示，在"分类"中选择要设置的类别。

3. 数据对齐格式的设置

默认情况下，Excel 2010 根据输入的数据自动调节数据的对齐格式，如文本内容是左对齐、数值型数据是右对齐等。用户也可通过"设置单元格格式"对话框中的"对齐"选项卡，对单元格的对齐方式进行设置，如图 5-26 所示。

图 5-26　"对齐"选项卡

"水平对齐"下拉列表：包括了常规、靠左、居中、靠右、填充、两端对齐、跨列居中、分散对齐等方式；其中靠左、靠右、分散对齐还可进一步设置缩进量。

"垂直对齐"下拉列表：包括靠上、居中、靠下、两端对齐、分散对齐等方式。

"自动换行"：该复选框被选择后，当列宽不足时，输入的文本会自动换行。

"合并单元格"：将选中的单元格区域进行合并。

也可用"开始"→"对齐方式"组中的"左对齐"按钮、"居中对齐"按钮、"右对齐"按钮和"合并及居中"按钮进行设置。

4. 设置行高与列宽

对数据表中行高和列宽的设置通常有 3 种方法：拖拉法、双击法、设置法。

① 拖拉法：将鼠标指针移到行（列）标题的交界处，呈双向拖拉箭头状时，按住鼠标左键向右（下）或向左（上）拖拉，即可调整行（列）高（宽）。

② 双击法：将鼠标指针移到行（列）标题的交界处，双击，即可快速将行（列）的行高（列宽）调整为"最合适的好高（列宽）"。

③ 选择"开始"→"单元格"→"格式"→"行高"（"列宽"）命令，在弹出的"行高"（列宽）对话框中输入相应的值。

5. 条件格式的设置

条件格式是指选定的单元格或单元格区域满足特定的条件，Excel 2010 便将格式应用到该单元格（单元格区域）中。设置条件格式的一般步骤如下：

① 选定需要设置条件格式的单元格区域。

② 选择"开始"→"样式"→"条件格式"→"新建规则"命令，弹出"新建格式规则"对话框，设置需要格式化数据的条件，如图 5-27 所示。

③ 单击"格式"按钮，弹出"设置单元格格式"对话框，对满足条件的单元格设置格式，如在"字形"列表框中选择相应的字形，在"颜色"调色板中选择需要的颜色等。

④ 单击"确定"按钮，返回"新建格式规则"对话框，通过"选择规则类型"区域可进行其他设置，如选择"基于各自值设置所有单元格的格式"选项，如图 5-28 所示。

图 5-27　"新建格式规则"对话框 1

图 5-28　"新建格式规则"对话框 2

⑤ 依次单击"确定"按钮，返回工作表。

需要注意的是，只有单元格中的值满足条件或是公式返回逻辑值真时，Excel 才应用选定的格式。对已设置的条件格式可以利用"删除"按钮进行格式删除。

6. 边框和底纹的设置

默认情况下，工作表中默认的边框在打印时是不能显示的，它的作用是分隔行、列和单元格。为了使单元格中的数据显示更加清晰，增加工作表的视觉效果，可以对单元格进行边框和底纹的设置。

（1）给单元格添加边框

给单元格或单元格局域添加边框一般有两种方法：

① 单击"开始"→"字体"组中的"边框"下拉按钮，弹出边框面板，选择需要的框线。

② 单击"开始"→"字体"组中的 □ 图标，弹出"设置单元格格式"对话框，选择"边框"选项卡，如图 5-29 所示，先选择线条的样式和颜色，然后在"预置"区域选择"外边框"或"内部"，或在"边框"区域中选择对应位置的选项，单击"确定"按钮，将该线条应用于这些边框。

（2）给单元格添加底纹

底纹是指单元格区域的填充颜色，在底纹上添加合适的图案可使工作表显得更为生动。一般可以使用以下两种方法给单元格添加底纹：

① 通过"开始"→"字体"组中的"填充颜色"按钮为所选区域添加一种底纹颜色。

② 通过"设置单元格格式"对话框中的"填充"选项卡，如图 5-30 所示，为单元格设置底纹颜色，并可在"图案样式"下拉列表中为单元格选择图案及图案颜色。

图 5-29　"边框"选项卡

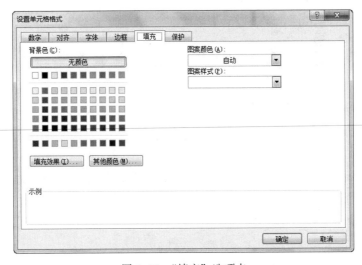

图 5-30　"填充"选项卡

7. 自动套用格式

Excel 2010 提供了多种已经设置好的表格格式，可以很方便地选择所需样式，并套用到选中的工作表单元格区域。因此，用户可以简化对表格的格式设置，提高工作效率。

使用自动套用格式的具体步骤如下：

① 选定要自动套用表格格式的单元格区域。

② 选择"开始"→"样式"→"套用表格格式"命令，弹出的下拉列表给出了 60 种表格样式供选择，如图 5-31 所示。

③ 如果这些样式都不能满足设置要求，可以选择"表格样式"→"新建表样式"命令新建表样式。

④ 单击选定的样式即可完成样式套用。

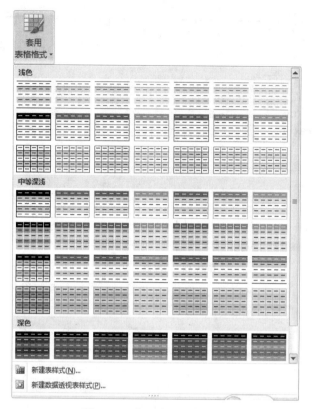

图 5-31　套用表格格式列表

5.4 【案例 3】打印公司员工档案信息表

案例分析

为了查看方便，公司需要把员工的信息表打印出来，分发到各个部门。

案例目标

- 熟练掌握工作表的页面设置。
- 熟练掌握工作表的打印。

实施过程

① 单击工作表标签，选中要打印的单元格区域 A1:I20，选择"页面布局"→"页面设置"→"打印区域"→"设置打印区域"命令。

② 依然选中打印区域，单击"页面布局"→"页面设置"组中的对话框启动器图标，弹出"页面设置"对话框。在"页面"选项卡中设置纸张大小为 A4 纸，纵向打印；在"页边距"选项卡中，设置上下左右的页边距分别为 2.5，2，2，2；在"工作表"选项卡中，设置"顶端标题行"为$2:$2，即工作表中的第 2 行，单击"确定"按钮。

③ 选择"文件"→"打印"命令，查看打印效果。

④ 设置打印份数为"10"，单击"打印"按钮，开始打印。

知识链接

1. 设置打印区域

先选定需要打印的区域，如图 5-32 所示，然后选择"页面布局"→"页面设置"→"打印区域"→"设置打印区域"命令。

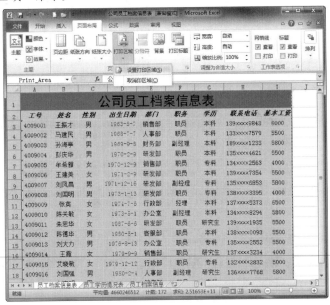

图 5-32　设置打印区域

2. 页面设置

设置好打印区域后，为了使打印出的页面更加美观、符合要求，需要对打印页面的页边距、纸张大小、页眉页脚等项目进行设定。

单击"页面布局"→"页面设置"组中的　图标，弹出"页面设置"对话框，对各个选项卡进行相关的设置，如图 5-33 所示。对话框中有 4 个选项卡：

① 页面：对打印方向、打印比例、打印质量、纸张大小、起始页码等进行设置。

② 页边距：对表格在纸张上的位置进行设置，如上下左右的边距、页眉、页脚与边界的距离等。

③ 页眉/页脚：对页眉和页脚进行设置。

④ 工作表：对打印局域、重复标题、打印顺序等进行设置。

3. 页码的设置

在 Excel 的表格处理中，页码和总页数的打印设置是通过对页眉和页脚的设置实现的。现在以页眉和页脚的设置为例进行相关参数的介绍。

打开"页面设置"对话框，选择"页眉/页脚"选项卡，其中有"页眉""页脚"下拉列表，在下拉列表中包含预先定义好的页眉或页脚，如图 5-34 所示。如果这些形式能满足要求，则可进行简单的选择。如果不满意，可自行定义，下面对页眉进行定义。

图 5-33　"页面设置"对话框

图 5-34　预设好的页眉列表

单击"自定义页眉"按钮后，弹出"页眉"对话框，可看到 7 个按钮，其功能从左到右分别是设置字体大小、增加页码、增加总页数、增加日期、增加时间、增加文件名和增加工作表名，如图 5-35 所示。

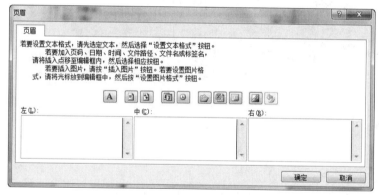

图 5-35　"页眉"对话框

在对话框中，有左、中、右 3 个部分，每一部分都要分别进行设置。具体方法是先单击要设置的区域，然后再单击相应的按钮，对每一个部分，还可以输入字符或字符串。如果 Excel 默认的间距过小，还可以通过在几个项目中间加入空格以进行区分。如果使用对话框中的下拉列表来选择，则可以利用"自定义页眉"或"自定义页脚"按钮进行修改，从而获得满意的页眉或页脚效果。

4．打印预览

预览打印效果的方法如下：

选择"文件"→"打印"命令，如图 5-36 所示。

在"打印预览"窗口中，用户可以预览所设置的打印选项的实际打印效果，对打印选项做最后的修改和调整。

5．正式打印

用户对打印预览中显示的效果满意后即可进行打印输出，方法是：选择"文件"→"打印"命令，在图 5-36 所示的窗口中单击"打印"按钮即可。

图 5-36　打印预览窗口

5.5 【案例 4】计算总成绩

案例分析

员工参加完考试后，需要对成绩进行统计，最基本的统计是算出每个员工成绩的总分，也就是对每科成绩求和，在本案例中将使用公式来进行计算。

案例目标

- 了解各类运算符。
- 能够熟练运用各类运算符编辑公式。
- 能够正确使用公式计算出结果。

实施过程

① 启动 Excel 2010 新建一个工作簿，并保存在 E 盘中的“工作文件”文件夹内，文件名为“在职培训成绩统计表.xls”。

② 在 A1 单元格输入表格标题“公司员工在职培训成绩统计表”。

③ 在 A2:K20 单元格区域输入相关数据并进行简单的格式设置，如图 5-37 所示。

公司员工在职培训成绩统计表

工号	姓名	性别	部门	学历	文档处理	表格设计	多媒体演示	商务英语	计算机应用	总分
4009001	王振才	男	销售部	本科	89	82	90	82	99	
4009002	马建民	男	人事部	本科	75	95	72	87	62	
4009003	孙海亭	男	财务部	本科	66	76	71	77	58	
4009004	彭庆华	男	研发部	本科	93	85	63	81	79	
4009005	牟希雅	女	销售部	专科	89	77	84	76	65	
4009006	王建美	女	研发部	本科	93	85	72	88	78	
4009007	刘凤昌	男	研发部	专科	96	55	75	85	61	
4009008	刘国明	男	研发部	专科	85	86	66	82	62	
4009009	张英	女	行政部	本科	75	82	85	92	82	
4009010	陈关敏	女	办公室	本科	82	97	52	73	77	
4009011	朱思华	女	研发部	研究生	93	85	72	88	86	
4009012	陈德华	男	客服部	本科	89	77	84	76	67	
4009013	刘大力	男	办公室	专科	96	55	75	85	89	
4009014	王霞	女	销售部	研究生	85	86	66	82	76	
4009015	艾晓敏	女	行政部	专科	75	82	85	92	94	
4009016	刘国强	男	人事部	研究生	82	97	52	73	83	
4009017	刘方明	男	销售部	专科	89	82	78	70	88	
4009018	王磊	男	销售部	专科	80	75	77	83	78	

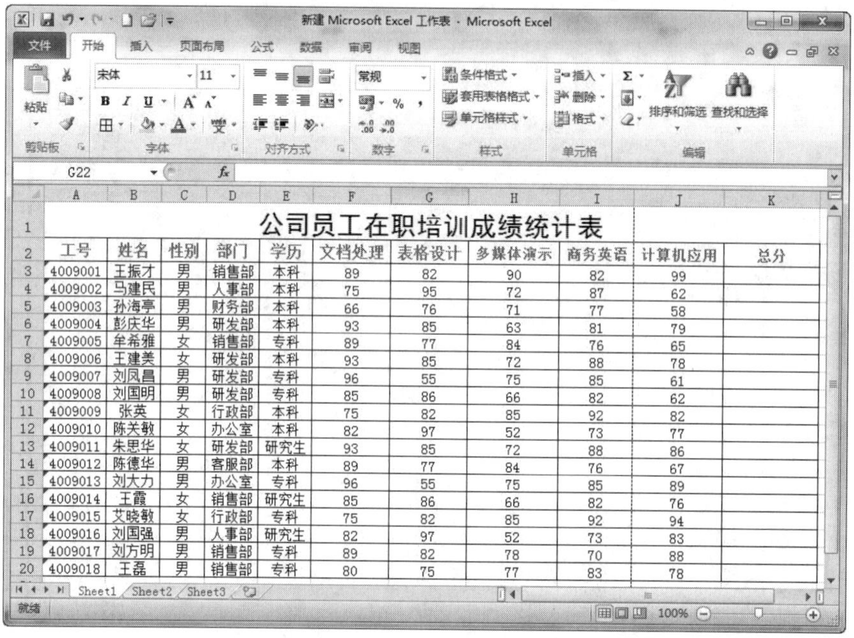

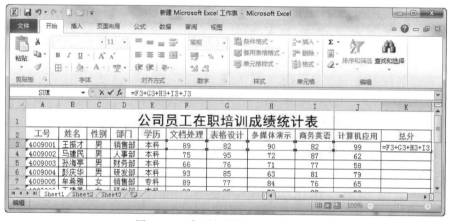

图 5-37　输完信息的表格

④ 选中 K3 单元格，在其中输入计算公式“=F3+G3+H3+I3+J3”，如图 5-38 所示，按【Enter】键，得到运算结果。

图 5-38　手工输入总分的计算公式

⑤ 选中 K3 单元格，利用填充柄填充 K4:K20 单元格，计算出所有人的“总分”，如图 5-39 所示。

⑥ 保存文件，退出 Excel 2010。

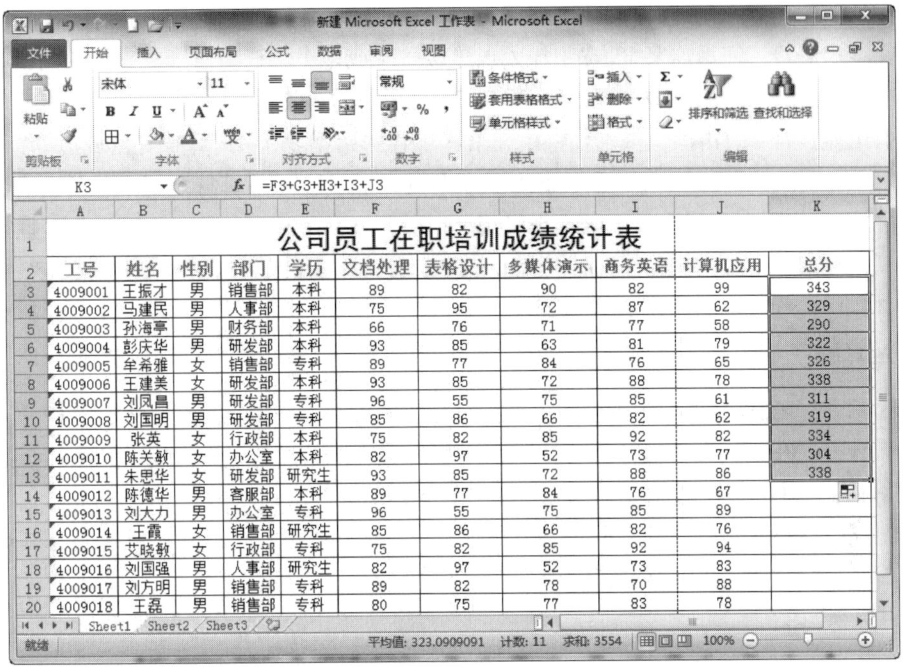

	A	B	C	D	E	F	G	H	I	J	K
1	公司员工在职培训成绩统计表										
2	工号	姓名	性别	部门	学历	文档处理	表格设计	多媒体演示	商务英语	计算机应用	总分
3	4009001	王振才	男	销售部	本科	89	82	90	82	99	343
4	4009002	马建民	男	人事部	本科	75	95	72	87	62	329
5	4009003	孙海亭	男	财务部	本科	66	76	71	77	58	290
6	4009004	彭庆华	男	研发部	本科	93	85	63	81	79	322
7	4009005	牟希雅	女	销售部	专科	89	77	84	76	65	326
8	4009006	王建美	女	研发部	本科	93	85	72	88	78	338
9	4009007	刘凤昌	男	研发部	专科	96	55	75	85	61	311
10	4009008	刘国明	男	研发部	专科	85	86	66	82	62	319
11	4009009	张英	女	行政部	本科	75	82	85	92	82	334
12	4009010	陈关敏	女	办公室	本科	82	97	52	73	77	304
13	4009011	朱思华	女	研发部	研究生	93	85	72	88	86	338
14	4009012	陈德华	男	客服部	本科	89	77	84	76	67	
15	4009013	刘大力	男	办公室	专科	96	55	75	85	89	
16	4009014	王霞	女	销售部	研究生	85	86	66	82	76	
17	4009015	艾晓敏	女	行政部	专科	75	82	85	92	94	
18	4009016	刘国强	男	人事部	研究生	82	97	52	73	83	
19	4009017	刘方明	男	销售部	专科	89	82	78	70	88	
20	4009018	王磊	男	销售部	专科	80	75	77	83	78	

图 5-39　自动填充得到所有人的总分

知识链接

在 Excel 中，各种运算都可通过公式来完成。公式是在工作表中对数据进行分析计算的等式，它可对工作表的数值进行加法、减法、乘法、除法和乘方运算等。四则运算是最基本的一些运算，在一个公式中可能包含多种运算，进行计算时，必须遵从一定的顺序，这就是根据运算的级别来确定运算顺序。

1. 公式

Excel 的公式是以等号（“=”）开头的式子，后面是参与计算的元素（运算数），这些参与计算的元素又是通过运算符隔开的。每个运算数可以是不改变的数值（常量数值）、单元格或引用单元格区域、标志、名称或工作表函数。

2. 运算符

运算符是对公式中的元素进行特定类型运算的。Excel 有 4 种类型的运算符：算术运算符、比较运算符、文本运算符和引用运算符。

① 算术运算符：用于基本的数学运算，如加法、减法和乘法以及连接数字和产生数字结果等的运算符。算术运算符有加“+ ”（加号）、减“-”（减号）、乘“* ”（星号）、除“/ ”（斜杠）、百分比“%”（百分号）和乘方“^”（脱字符）6 种。如 2^3 的运算结果为 8（即 2 的 3 次方），5+2 的运算结果为 7。

② 比较操作符：是用于比较两个值的操作符，其比较的结果是一个逻辑值，即比较结果是 TRUE 或 FALSE。比较运算符有等于“=”（等号）、大于“>”（大于号）、小于“<”（小于号）、大

于等于"≥="（大于等于号）、小于等于"<="（小于等于号）和不等于"<>"6种。如2>=3的运算结果为FALSE，4<5的结果为TRUE。

③ 文本串联符：使用连字符（&）加入或连接一个或多个字符串而形成一个长的字符串的运算符。如"计算机"&"应用基础"的运算结果是"计算机应用基础"。

④ 引用操作符：引用操作符可以将单元格区域合并计算。引用运算符有区域运算符"："（冒号）和联合运算符"，"（逗号）2种。区域运算符是对指定区域运算符之间，包括两个引用在内的所有单元格进行引用。如B2:B6区域是引用B2、B3、B4、B5、B6共5个单元格。联合操作符是将多个引用合并为一个引用。如SUM(B2:B6, D5,F5:F8)是对B2、B3、B4、B5、B6、F5、F6、F7、F8及D5共10个单元格进行求和的运算。

3. 运算顺序

在Excel中，公式是在工作表中对数据进行分析的等式。在单元格中输入公式时必须以等号"="为前导符。在公式中，运算符的运算顺序是不同的，以四则运算为例，其运算级别从高到低为括号()→百分比% → 乘方^ → 乘*、除/ → 加+、减-。

对同一运算级别，则按从左到右的顺序进行，如公式"=B3+(A2-B2)*3/C3^2"，其运算顺序如下：

① 计算A2-B2。

② 计算C3^2。

③ 进行乘法运算。

④ 进行除法运算。

⑤ 进行加法运算。

4. 运算的复制

在Excel中，运算的复制操作十分简便，既可通过正常的方式进行复制，也可通过填充柄对相邻单元格进行运算式的填充。在Excel运算中，某个单元格的值与其他单元格之间有一定的关系，进行复制时，这些依赖关系也将随之发生变化，这就是后面将要介绍的单元格引用。

5.6 【案例5】掌控职工培训成效

案例分析

本案例主要完成对"员工在职培训统计表"中员工的平均分，所有员工平均分的最高分、最低分，参加培训考试的人数进行统计。通过该任务，让读者掌握如何使用常用函数。

案例目标

- 了解Excel中的常用函数。
- 掌握使用函数计算的一般过程。
- 能够使用SUM、AVERAGE、MAX、MIN、COUNT等函数计算相应结果。

实施过程

① 打开"员工在职培训统计表.xls",单击 Sheet1 标签。

② 在 G 列前插入一个空列,在 F2 单元格输入"平均分"作为该列列名。在单元格 E21 中输入"平均分最高分",E22 中输入"平均分最低分",K21 中输入"参加考试人数",如图 5-40 所示。

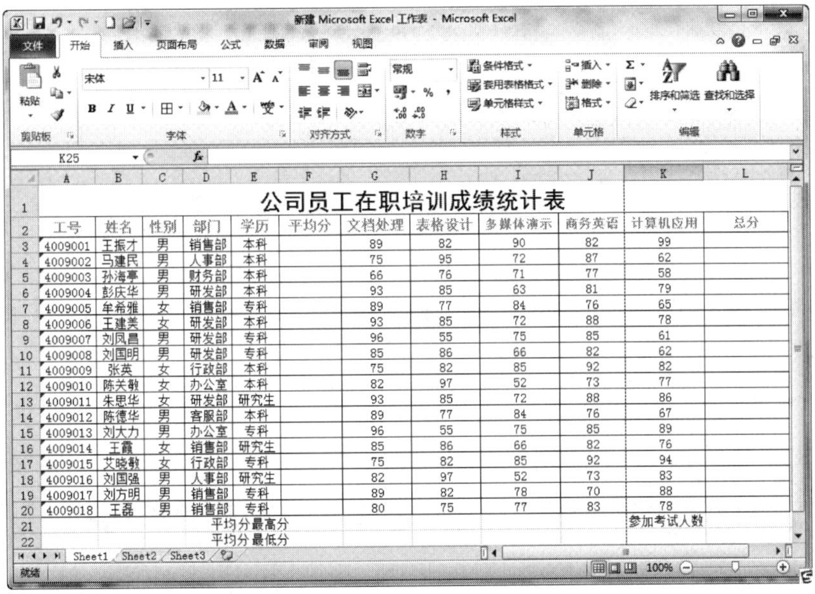

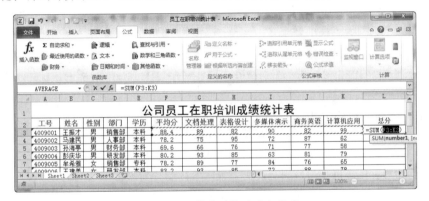

图 5-40　插入"平均分"列后的效果

③ 选中单元格 F3,选择"公式"→"函数库"→"插入函数"命令,弹出"插入函数"对话框,在"选择函数"列表中选择 AVERAGE 函数。单击"确定"按钮,弹出"函数参数"对话框,单击"Number1"文本框右侧的折叠面板按钮,将"函数参数"对话框折叠起来,用鼠标拖动选中 G3:K3 单元格区域,按两次【Enter】键,得出计算结果。

④ 通过拖动填充柄复制公式,自动计算出其他员工的平均分。

⑤ 选中单元格 L3,选择单击"公式"→"函数库"→"Σ"命令,此时自动构造的公式如图 5-41 所示。使用鼠标重新选择 G3:K3 单元格区域作为 SUM 函数的参数,如图 5-42 所示,按【Enter】键,得到计算结果。通过自动填充,计算其他员工的总分。

图 5-41　系统自动构造求和公式

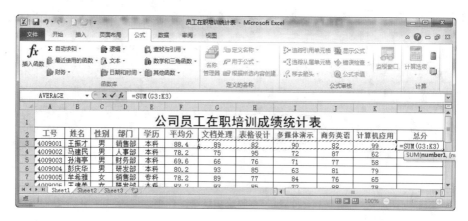

图 5-42　重新选取函数的参数

⑥　选中 F21 单元格，选择"公式"→"函数库"→"自动求和"→"最大值"命令，系统自动选取 F3:F20 作为函数的参数，按【Enter】键，计算出结果。

⑦　重复步骤⑥，用同样的方法计算出"平均分最高分"和"参加考试人数"，如图 5-43 所示。

⑧　保存文件，退出 Excel 2010。

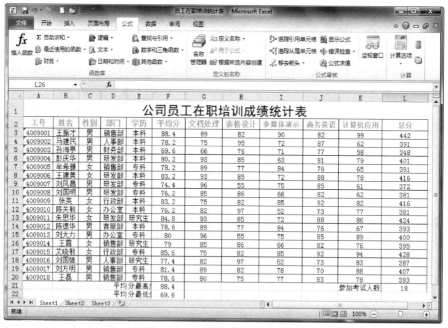

图 5-43　函数求值后的效果图

知识链接

Excel 中所说的函数其实是一些预定义的公式，它们使用一些称为参数的特定数值按特定的顺序或结构进行计算。用户可直接使用它们对某个区域内的数值进行一系列运算，如分析和处理日期值和时间值、确定贷款的支付额、确定单元格中的数据类型、计算平均值、排序显示和运算文本数据等。例如，SUM 函数对单元格或单元格区域进行加法运算。

1. Excel 中的常用函数

Excel 函数共有 11 类，分别是数据库函数、日期与时间函数、工程函数、财务函数、信息函数、逻辑函数、查询和引用函数、数学和三角函数、统计函数、文本函数以及用户自定义函数。下面介绍一些常用函数。

（1）ABS 函数

函数名称：ABS

主要功能：求出相应数字的绝对值。

使用格式：ABS(number)

参数说明：number 代表需要求绝对值的数值或引用的单元格。

应用举例：如果在 B2 单元格中输入公式 "=ABS(A2)"，则在 A2 单元格中无论输入正数（如 100）还是负数（如–100），B2 中均显示出正数（如 100）。

特别提醒：如果 number 参数不是数值，而是一些字符（如 A 等），则 B2 中返回错误值 "#VALUE!"。

（2）AND 函数

函数名称：AND

主要功能：返回逻辑值：如果所有参数值均为逻辑 "真（TRUE）"，则返回逻辑 "真（TRUE）"，反之返回逻辑 "假（FALSE）"。

使用格式：AND(logical1,logical2, …)

参数说明：Logical1,Logical2,Logical3,…表示待测试的条件值或表达式，最多包含 30 个条件。

应用举例：在 C5 单元格输入公式 "=AND(A5>=60,B5>=60)"，按【Enter】确认。如果 C5 中返回 TRUE，说明 A5 和 B5 中的数值均大于等于 60；如果返回 FALSE，说明 A5 和 B5 中的数值至少有一个小于 60。

特别提醒：如果指定的逻辑条件参数中包含非逻辑值时，则函数返回错误值 "#VALUE!" 或 "#NAME"。

（3）AVERAGE 函数

函数名称：AVERAGE

主要功能：求出所有参数的算术平均值。

使用格式：AVERAGE(number1,number2,…)

参数说明：number1,number2,…表示需要求平均值的数值或引用单元格（区域），参数不超过 30 个。

应用举例：在 B8 单元格中输入公式 "=AVERAGE(B7:D7,F7:H7,7,8)"，按【Enter】键确认，即可求出 B7 至 D7 区域、F7 至 H7 区域中的数值和 7、8 的平均值。

特别提醒：如果引用区域中包含 "0" 值单元格，则计算在内；如果引用区域中包含空白或字符单元格，则不计算在内。

（4）COUNT 函数

函数名称：COUNT

主要功能：统计某个单元格区域中的单元格数目。

使用格式：COUNT (value1,value2,…)

参数说明：value1,value2,…表示 1 到 30 个可以包含或引用各种不同类型数据的参数，但只对数字型数据进行计数。

应用举例：在 L21 单元格中输入公式"=COUNT(L3:L20)"，按【Enter】确认后，即可统计出 L3 至 L20 单元格区域中的单元格数目。

（5）DATE 函数

函数名称：DATE

主要功能：给出指定数值的日期。

使用格式：DATE(year,month,day)

参数说明：year 为指定的年份数值（小于 9999）；month 为指定的月份数值（可以大于 12）；day 为指定的天数。

应用举例：在 C20 单元格中输入公式"=DATE(2012,13,35)"，按【Enter】确认后，显示出 2013-2-4。

特别提醒：由于上述公式中，月份为 13，多了一个月，顺延至 2013 年 1 月；天数为 35，比 2013 年 1 月的实际天数又多了 4 天，故又顺延至 2013 年 2 月 4 日。

（6）MAX 函数

函数名称：MAX

主要功能：求出一组数中的最大值。

使用格式：MAX(number1,number2,…)

参数说明：number1,number2,…代表需要求最大值的数值或引用单元格（区域），参数不超过 30 个。

应用举例：输入公式"=MAX(E44:J44,7,8,9,10)"，按【Enter】键确认后即可显示出 E44 至 J44 单元格区域和数值 7、8、9、10 中的最大值。

特别提醒：如果参数中有文本或逻辑值，则忽略。

（7）MIN 函数

函数名称：MIN

主要功能：求出一组数中的最小值。

使用格式：MIN(number1,number2,…)

参数说明：number1,number2,…代表需要求最小值的数值或引用单元格（区域），参数不超过 30 个。

应用举例：输入公式"=MIN(E44:J44,7,8,9,10)"，按【Enter】键确认后即可显示出 E44 至 J44 单元格区域和数值 7、8、9、10 中的最小值。

特别提醒：如果参数中有文本或逻辑值，则忽略。

（8）MOD 函数

函数名称：MOD

主要功能：求出两数相除的余数。

使用格式：MOD(number,divisor)

参数说明：number 代表被除数；divisor 代表除数。

应用举例：输入公式 "=MOD(13,4)"，按【Enter】确认后显示出结果 "1"。

特别提醒：如果 divisor 参数为零，则显示错误值 "#DIV/0!"。

（9）SUM 函数

函数名称：SUM

主要功能：计算所有参数数值的和。

使用格式：SUM（Number1,Number2,…）

参数说明：Number1,Number2,…代表需要计算的值，可以是具体的数值、引用的单元格（区域）、逻辑值等。

应用举例：如图 5-44 所示，在 L1 单元格中输入公式 "=SUM(G3:K3)"，按【Enter】键确认后即可求出该员工的总分。

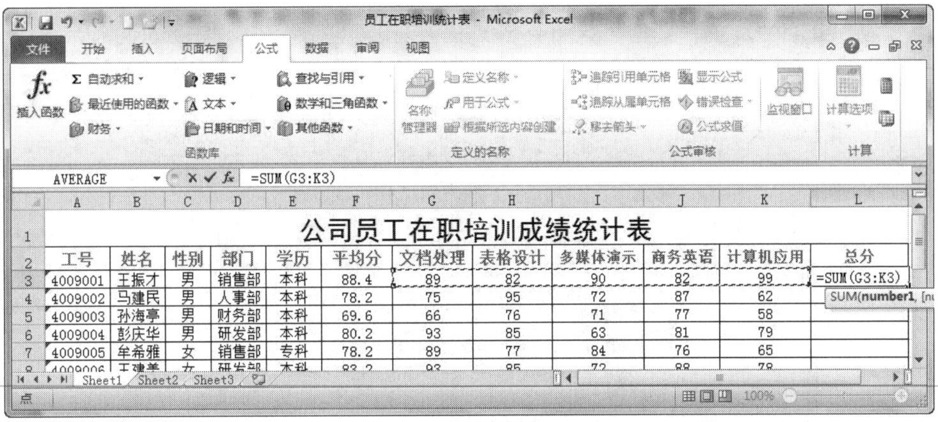

图 5-44　SUM 函数的使用

特别说明：如果参数为数组或引用，只有其中的数字将被计算。数组或引用中的空白单元格、逻辑值、文本或错误值将被忽略。

（10）INT 函数

函数名称：INT

主要功能：将数值向下取整为最接近的整数。

使用格式：INT(number)

参数说明：number 表示需要取整的数值或包含数值的引用单元格。

应用举例：输入公式 "=INT(18.89)"，按【Enter】键确认后显示出 18。

特别提醒：在取整时，不进行四舍五入；如果输入的公式为 "=INT(–18.89)"，则返回结果为–19。

2. 使用函数的步骤

使用函数进行计算一般有两种方法：

① 选择 "公式"→"函数库"→"自动求和" 命令，从下拉列表中选择需要的函数，如图 5-45 所示。

② 选定需要输入函数的单元格，选择 "公式"→"函数库"→"插入函数" 命令，弹出 "插入函数" 对话框。在 "选择函数" 列表框中选择相应的函数，如图 5-46 所示，单击 "确定" 按钮，弹出 "函数参数" 对话框，如图 5-47 所示，在该对话框中输入相应的参数，单击 "确定"

按钮，在选定的单元格中会显示出计算结果。

图 5-45　"自动求和"下拉列表

图 5-46　"插入函数"对话框

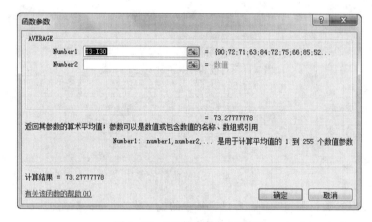

图 5-47　"函数参数"对话框

5.7 【案例6】按部门分析培训效果

案例分析

本案例主要完成对员工成绩的排名；以"400"分作为标准，判断员工考试成绩是否合格；统计各个部门参加考试的人数和总分的平均分。

案例目标

- 掌握单元格地址的概念，能正确引用单元格地址。
- 掌握 RANK、IF、SUMIF、COUNTIF 等函数的使用。

实施过程

① 对"在职培训成绩统计表"进行调整，增加"排名"和"是否合格"两列，如图 5-48 所示。

工号	姓名	性别	部门	学历	平均分	文档处理	表格设计	多媒体演示	商务英语	计算机应用	总分	排名	是否合格
\multicolumn{14}{c}{公司员工在职培训成绩统计表}
4009001	王振才	男	销售部	本科	88.4	89	82	90	82	99	442		
4009002	马建民	男	人事部	本科	78.2	75	95	72	87	62	391		
4009003	孙海亭	男	财务部	本科	69.6	66	76	71	77	58	348		
4009004	彭庆华	男	研发部	本科	80.2	93	85	63	81	79	401		
4009005	牟希雅	女	销售部	专科	78.2	89	77	84	76	65	391		
4009006	王建美	女	研发部	本科	83.2	93	85	72	88	78	416		
4009007	刘凤昌	男	研发部	专科	74.4	96	55	75	85	61	372		
4009008	刘国明	男	研发部	专科	76.2	85	86	66	82	62	381		
4009009	张英	女	行政部	本科	83.2	75	82	85	92	82	416		
4009010	陈关敏	女	办公室	本科	76.2	82	97	52	73	77	381		
4009011	朱思华	女	研发部	研究生	84.8	93	85	72	88	86	424		
4009012	陈德华	男	客服部	本科	78.6	89	77	84	76	67	393		
4009013	刘大力	男	办公室	专科	80	96	55	75	85	89	400		
4009014	王霞	女	销售部	研究生	79	85	86	66	82	76	395		
4009015	艾晓敏	女	行政部	专科	85.6	75	82	85	92	94	428		
4009016	刘国强	男	人事部	研究生	77.4	82	97	52	73	83	387		
4009017	刘方明	男	销售部	专科	81.4	89	82	78	70	88	407		
4009018	王磊	男	销售部	专科	78.6	80	75	77	83	78	393		

图 5-48　增加列调整后的表格

② 在 D22:F29 单元格区域中创建"部门成绩统计"的表格，如图 5-49 所示。

③ 选中 M3 单元格，选择"公式"→"函数库"→"插入函数"命令，弹出"插入函数"对话框，在"或选择类别"下拉列表中选择"全部"，在"选择函数"列表框中选择"RANK"函数，单击"确定"按钮。

④ 在"函数参数"对话框中设置各个参数的值，如图 5-50 所示，单击"确定"按钮，得到第一名员工的排名。

部门	参加考试人数	总分平均分
行政部		
销售部		
人事部		
研发部		
财务部		
客服部		
办公室		

图 5-49　"部门成绩统计"表格

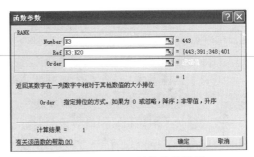

图 5-50　RANK 函数参数设置

⑤ 选中 M3 单元格，在编辑栏中修改 RANK 函数中 Ref 参数的值为"$K$3:$K$20"，按【Enter】键。将鼠标指针移至 L3 的右下角，拖动填充柄，自动生成其他员工的排名，如图 5-51 所示。

工号	姓名	性别	部门	学历	平均分	文档处理	表格设计	多媒体演示	商务英语	计算机应用	总分	排名	是否合格
\multicolumn{14}{c}{公司员工在职培训成绩统计表}
4009001	王振才	男	销售部	本科	88.4	89	82	90	82	99	442	1	
4009002	马建民	男	人事部	本科	78.2	75	95	72	87	62	391	12	
4009003	孙海亭	男	财务部	本科	69.6	66	76	71	77	58	348	18	
4009004	彭庆华	男	研发部	本科	80.2	93	85	63	81	79	401	7	
4009005	牟希雅	女	销售部	专科	78.2	89	77	84	76	65	391	12	
4009006	王建美	女	研发部	本科	83.2	93	85	72	88	78	416	4	
4009007	刘凤昌	男	研发部	专科	74.4	96	55	75	85	61	372	17	
4009008	刘国明	男	研发部	专科	76.2	85	86	66	82	62	381	15	
4009009	张英	女	行政部	本科	83.2	75	82	85	92	82	416	4	
4009010	陈关敏	女	办公室	本科	76.2	82	97	52	73	77	381	15	
4009011	朱思华	女	研发部	研究生	84.8	93	85	72	88	86	424	3	
4009012	陈德华	男	客服部	本科	78.6	89	77	84	76	67	393	10	
4009013	刘大力	男	办公室	专科	80	96	55	75	85	89	400	8	
4009014	王霞	女	销售部	研究生	79	85	86	66	82	76	395	9	
4009015	艾晓敏	女	行政部	专科	85.6	75	82	85	92	94	428	2	
4009016	刘国强	男	人事部	研究生	77.4	82	97	52	73	83	387	14	
4009017	刘方明	男	销售部	专科	81.4	89	82	78	70	88	407	6	
4009018	王磊	男	销售部	专科	78.6	80	75	77	83	78	393	10	

图 5-51　自动填充生成排名

⑥ 选中 N3 单元格，插入 IF 函数，参数设置如图 5-52 所示。拖动填充柄，自动填充，统计出其他员工成绩是否合格。

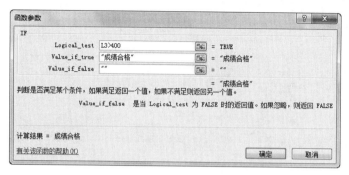

图 5-52　IF 函数的参数设置

⑦ 选中 E23 单元格，插入 COUNTIF 函数，参数设置如图 5-53 所示，单击"确定"按钮，得出"行政部"参加考试的人数。

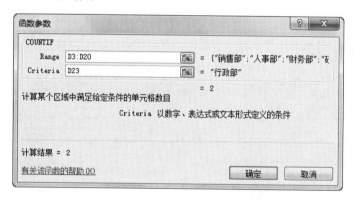

图 5-53　COUNTIF 函数的参数设置

⑧ 修改 COUNTIF 函数的 Rang 参数为"$D$3:$D$20"，绝对引用 D3:D20 单元格区域，再拖动填充柄，计算出其他部门参加考试的人数。

⑨ 选中 F23 单元格，在编辑栏中输入"="，选择"公式"→"函数库"→"插入函数"命令，在弹出对话框的"或选择类别"下拉列表中选择"全部"，然后在"选择函数"列表框中选择 SUMIF 函数，设置参数如图 5-54 所示。在编辑栏中修改公式为"=SUMIF(D3:D20,D23,L3:L20)/E23"，按【Enter】键，得出行政部的总分平均分。

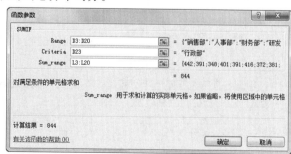

图 5-54　SUMIF 函数的参数设置

⑩ 修改 F23 单元格中的公式为 "=SUMIF($D$3:$D$20,D23,$L$3:$L$20)/E23"，拖动填充柄，自动求出其他部门的总分平均分。保存文件，退出 Excel 2010。最终效果如图 5-55 所示。

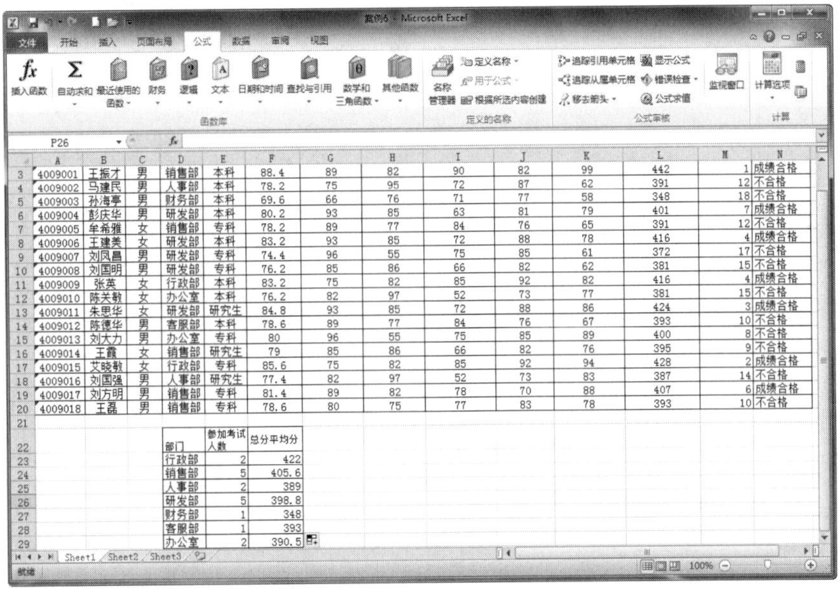

图 5-55　最终效果图

知识链接

1. 高级函数

除了上一节介绍的常用函数以外，在平时的工作学习中还会用到以下一些函数：

（1）RANK 函数

函数名称：RANK

主要功能：返回某一数值在一列数值中的相对于其他数值的排位。

使用格式：RANK(Number,ref,order)

参数说明：Number 代表需要排序的数值；ref 代表排序数值所处的单元格区域；order 代表排序方式参数（如果为 "0" 或者忽略，则按降序排名，即数值越大，排名结果数值越小；如果为非 "0" 值，则按升序排名，即数值越大，排名结果数值越大）。

应用举例：如在 C2 单元格中输入公式 "=RANK(B2,$B$2:$B$31,0)"，按【Enter】键确认后即可得 B2 单元格中的数值在 B2 到 B31 单元格区域中由高到低的排名结果。

特别提醒：在上述公式中，我们让 Number 参数采取了相对引用形式，而让 ref 参数采取了绝对引用形式（增加了一个 "$" 符号），设置后，选中 C2 单元格，将鼠标指针移至该单元格右下角，成细十字线状时（通常称为填充柄），按住左键向下拖拉，即可将上述公式快速复制到 C 列下面的单元格中，完成其他数据的排名统计。

（2）SUMIF 函数

函数名称：SUMIF

主要功能：计算符合指定条件的单元格区域内的数值和。

使用格式：SUMIF(Range,Criteria,Sum_Range)

参数说明：Range 代表条件判断的单元格区域；Criteria 为指定条件表达式；Sum_Range 代表需要计算的数值所在的单元格区域。

应用举例：在 D64 单元格中输入公式 "=SUMIF(C2:C63,"男",D2:D63)"，按【Enter】键确认后即可求出"男"生的语文成绩和。

特别提醒：如果把上述公式修改为 "=SUMIF(C2:C63,"女",D2:D63)"，即可求出"女"生的语文成绩和；其中"男"和"女"由于是文本型的，需要放在英文半角状态下的双引号（"男"、"女"）中。

（3）COUNTIF 函数

函数名称：COUNTIF

主要功能：统计某个单元格区域中符合指定条件的单元格数目。

使用格式：COUNTIF(Range,Criteria)

参数说明：Range 代表要统计的单元格区域；Criteria 表示指定的条件表达式。

应用举例：在 C17 单元格中输入公式 "=COUNTIF(B1:B13,">=80")"，按【Enter】键确认后，即可统计出 B1 至 B13 单元格区域中，数值大于等于 80 的单元格数目。

特别提醒：允许引用的单元格区域中有空白单元格出现。

（4）IF 函数

函数名称：IF

主要功能：根据对指定条件的逻辑判断的真假结果，返回相对应的内容。

使用格式：=IF(Logical,Value_if_true,Value_if_false)

参数说明：Logical 代表逻辑判断表达式；Value_if_true 表示当判断条件为逻辑"真（TRUE）"时的显示内容，如果忽略返回"TRUE"；Value_if_false 表示当判断条件为逻辑"假（FALSE）"时的显示内容，如果忽略返回"FALSE"。

应用举例：在 C29 单元格中输入公式 "=IF(C26>=18,"符合要求","不符合要求")"，按【Enter】键确定后，如果 C26 单元格中的数值大于或等于 18，则 C29 单元格显示"符合要求"字样，反之显示"不符合要求"字样。

特别提醒：本文中类似"在 C29 单元格中输入公式"中指定的单元格，读者在使用时，并不需要受其约束，此处只是配合本文所附的实例需要而给出的相应单元格，具体请参考所附的实例文件。

2. 单元格地址的引用

Excel 单元格的引用包括相对引用、绝对引用和混合引用 3 种。

（1）相对引用

公式中的相对单元格引用（如 A1）是基于包含公式和单元格引用的单元格的相对位置。如果公式所在单元格的位置改变，引用也随之改变。如果多行或多列地复制公式，引用会自动调整。默认情况下，新公式使用相对引用。例如，如果将单元格 B2 中的相对引用复制到单元格 B3，将自动从"=A1"调整到"=A2"。

（2）绝对引用

单元格中的绝对单元格引用（如$A$1）总是在指定位置引用单元格。如果公式所在单元格的位置改变，绝对引用保持不变。如果多行或多列地复制公式，绝对引用将不做调整。默认情况下，公式使用相对引用，需要是将它们转换为绝对引用。例如，如果将单元格 B2 中的绝对引用复制到单元格 B3，则在两个单元格中一样，都是$A$1。

（3）混合引用

混合引用具有绝对列和相对行，或是绝对行和相对列。绝对引用列采用 $A1、$B1 等形式。绝对引用行采用 A$1、B$1 等形式。如果公式所在单元格的位置改变，则相对引用改变，而绝对引用不变。如果多行或多列地复制公式，相对引用自动调整，而绝对引用不做调整。例如，如果将一个混合引用从 A2 复制到 B3，它将从 "=A$1" 调整到 "=B$1"。

在 Excel 中输入公式时，只要正确使用【F4】键，就能简单地对单元格的相对引用和绝对引用进行切换。现举例说明。

对于某单元格所输入的公式 "=SUM(B4:B8)"：

选中整个公式，按【F4】键，该公式内容变为 "=SUM($B$4:$B$8)"，表示对横、纵行单元格均进行绝对引用。

第二次按【F4】键，公式内容又变为 "=SUM(B$4:B$8)"，表示对横行进行绝对引用，纵行相对引用。

第三次按【F4】键，公式则变为 "=SUM($B4:$B8)"，表示对横行进行相对引用，对纵行进行绝对引用。

第四次按【F4】键时，公式变回到初始状态 "=SUM(B4:B8)"，即对横行纵行的单元格均进行相对引用。

需要说明的一点是，【F4】键的切换功能只对所选中的公式段有作用。

5.8 【案例 7】统计与分析销售业绩

案例分析

本案例利用 Excel 强大的数据筛选、排序、分类汇总等功能，对销售业绩进行如下的统计与分析：获取产品订单排行榜，用来分析产品的销售情况；汇总销售员的第四季度销售业绩并制作排行榜，以激励员工提高销售业绩。

案例目标

- 了解数据清单的概念。
- 掌握数据的简单排序、多关键字排序和自定义排序的方法。
- 掌握数据的自动筛选和高级筛选的方法。
- 掌握分类汇总的方法。

实施过程

（1）打开"销售业绩统计与分析.xls"工作簿，将"产品销售记录表"复制成 6 份。

（2）对交易金额进行降序排列，获取本季度订单排行榜。

① 选中工作表标签"产品销售记录表（2）"，并重命名为"订单排行榜"。

② 单击交易金额列中的任意一单元格。

③ 选择"开始"→"段落"→"降序"命令，记录按照交易金额由大到小排列。完成效果如图 5-56 所示。

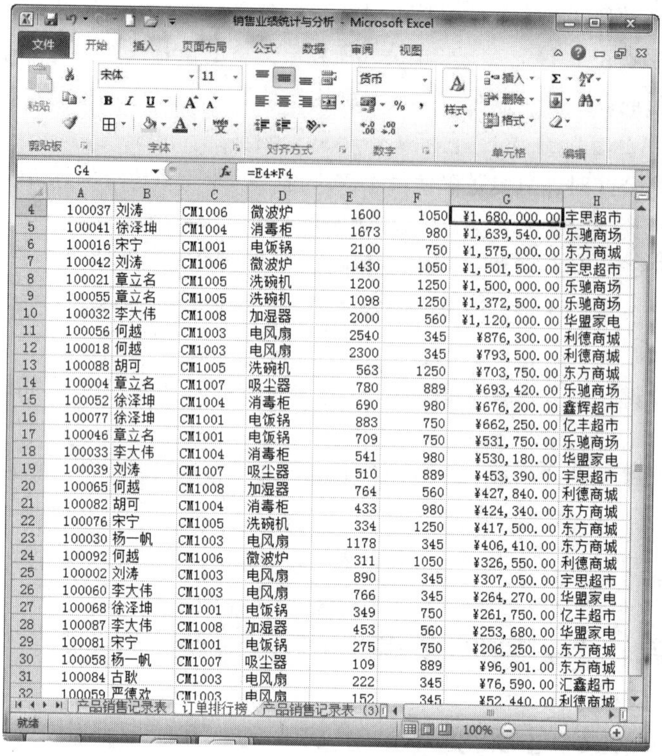

图 5-56　简单排序效果图

（3）获得同种产品的订单排行榜

① 选中工作表标签"产品销售记录表（3）"，并重命名为"同种产品订单排行榜"。

② 单击数据清单中的任一单元格。

③ 选择"数据"→"排序和筛选"→"排序"命令，弹出"排序"对话框。

④ 在"排序"对话框中，单击"主要关键字"下拉列表，选择"产品名称"，在"次序"中选择"升序"，如图 5-57 所示；单击"添加条件"按钮出现"次要关键字"，在其中选择"数量"，"次序"中选择"降序"。

图 5-57　"排序"对话框

⑤ 单击"确定"按钮，结果如图 5-58 所示。

图 5-58　多关键字排序效果图

（4）获得前六名订单名单

① 选中工作表标签"产品销售记录表（4）"，并重命名为"前六名订单"。

② 单击数据清单中的任一单元格。

③ 选择"数据"→"排序和筛选"→"筛选"命令，工作表处于筛选状态，每个字段旁出现一个下拉的黑色三角箭头。

④ 单击"交易金额"的下拉箭头，在下拉列表中选择"数字筛选"→"前 10 个最大值"命令，弹出"自动筛选前 10 个"对话框。

⑤ 在弹出的"自动筛选前 10 个"对话框中，"显示"中设置"最大""6""项"。

⑥ 单击"确定"按钮，结果如图 5-59 所示。

订单编号	销售人员	产品编号	产品名称	数量	单价	交易金额	客户
100016	宋宁	CM1001	电饭锅	2100	750	¥1,575,000.00	东方商城
100037	刘涛	CM1006	微波炉	1600	1050	¥1,680,000.00	宇思超市
100042	刘涛	CM1006	微波炉	1430	1050	¥1,501,500.00	宇思超市
100041	徐泽坤	CM1004	消毒柜	1673	980	¥1,639,540.00	乐驰商场
100073	何越	CM1008	加湿器	3008	560	¥1,684,480.00	利德商城
100099	李大伟	CM1001	电饭锅	3408	750	¥2,556,000.00	华盟家电

图 5-59　简单筛选效果图

（5）查看新进员工"何越"的销售情况

主要查看数量在 1 500 以上或交易金额在 500 000 元以上的订单信息。

① 选中工作表标签"产品销售记录表（5）"，并重命名为"何越销售情况"。

② 单击数据清单中的任一单元格。

③ 复制 A1:H1 单元格区域至 A51:H51，并设置筛选条件，如图 5-60 所示。

52								
53	订单编号	销售员姓名	产品编号	产品名称	数量	单价	交易金额	客户
54		宋辉			>1500			
55		宋辉					>500000	

图 5-60　筛选条件区域

④ 选择"数据"→"排序和筛选"→"高级筛选"命令，在弹出的"高级筛选"对话框中设置"方式""数据区域""条件区域""复制到"等各项内容，如图 5-61 所示。

⑤ 单击"确定"按钮，得到如图 5-62 所示的筛选结果。

图 5-61　"高级筛选"对话框

订单编号	销售人员	产品编号	产品名称	数量	单价	交易金额	客户
	何越			>1500			
	何越					>50000	
订单编号	销售人员	产品编号	产品名称	数量	单价	交易金额	客户
100018	何越	CM1003	电风扇	2300	345	¥793,500.00	利德商城
100056	何越	CM1003	电风扇	2540	345	¥876,300.00	利德商城
100065	何越	CM1008	加湿器	764	560	¥427,840.00	利德商城
100073	何越	CM1008	加湿器	3008	560	¥1,684,480.00	利德商城
100092	何越	CM1006	微波炉	311	1050	¥326,550.00	利德商城

图 5-62　高级筛选效果图

（6）汇总每位销售员的总销售额

① 选中工作表标签"产品销售记录表（6）"，并重命名为"员工销售业绩汇总"。

② 选中数据清单中"销售人员"列的任一单元格，单击"排序"按钮（升序或降序均可）。

③ 选择"数据"→"分级显示"→"分类汇总"命令，弹出"分类汇总"对话框，设置"分类字段"为"销售员姓名"，"汇总方式"为"求和"，"选定汇总项"为"交易金额"，如图 5-63 所示。

④ 单击"确定"按钮。

⑤ 单击汇总显示结果左上角分级显示按钮中的"2"，显示效果如图 5-64 所示。

图 5-63　"分类汇总"对话框

图 5-64　分类汇总结果

知识链接

1. 数据清单

一个数据库（Excel 中的一个表）是以具有相同结构方式存储的数据集合，如电话簿、公司的客户名录、库存账等。利用数据库技术能方便地管理这些数据，如对数据库排序和查找那些满足指定条件的数据等。

在 Excel 2010 中，数据库是作为一个数据清单来看待的。在一个数据清单中，信息按记录存储。每个记录中包含信息内容的各项，称为字段。例如，公司的客户名录中，每一条客户信息就是一条记录，它是由字段组成的。所有记录的同一字段存放相似的信息（如公司名称、街道地址、电话号码等）。Excel 2010 提供了一整套功能强大的命令集，使得管理数据清单（数据库）变得非常容易。我们能完成下列工作：

①　数据记录单：一个数据记录单提供了一个简单的方法，让我们从清单或数据库中查看、更改、增加和删除记录，或用指定的条件来查找特定的记录。

②　排序：在数据清单中，针对某些列的数据，我们能用"排序"命令重新组织行的顺序。能选择数据和选择排序次序，或建立和使用一个自定义排序次序。

③　筛选：利用"筛选"命令可对清单中的指定数据进行查找和其他工作。一个经筛选的清单仅显示那些包含了某一特定值或符合一组条件的行，暂时隐藏其他行。

④　分类汇总：利用"分类汇总"命令，可在清单中插入分类汇总行，汇总所选的任意数据。插入分类汇总后，Excel 2010 会自动在清单底部插入一个"总计"行。

Excel 2010 提供有一系列功能，可非常容易地在数据清单中处理和分析数据。在运用这些功能时，请根据下述准则在数据清单中输入数据：

（1）数据清单的大小和位置

①　避免在一个工作表上建立多个数据清单，因为数据清单的某些处理功能（如筛选等），一次只能在同一个工作表的一个数据清单中使用。

②　在工作表的数据清单和其他数据间至少留出一个空白列和一个空白行。在执行排序、筛选或插入自动汇总等操作时，这将有利于 Excel 检测和选定数据清单。

③　避免在数据清单中放置空白行和列，这有利于 Excel 检测和选定数据清单。

④　避免将关键数据放到数据清单的左右两侧。因为这些数据在筛选数据清单时可能会被隐藏。

（2）列标志

①　在数据清单的第一行中创建列标志。Excel 使用这些标志创建报告，并查找和组织数据。

②　列标志使用的字体、对齐方式、格式、图案、边框或大小写样式，应当和数据清单中其他数据的格式相差别。

③　如果要将标志和其他数据分开，应使用单元格边框（而不是空格或短画线），在标志行下插入一行直线。

（3）行和列内容

①　在设计数据清单时，应使同一列中的各行有近似的数据项。

②　在单元格的开始处不要插入多余的空格，因为多余的空格影响排序和查找。不要使用空白行将列标志和第一行数据分开。

2．数据排序

（1）简单排序

如果希望对员工资料按某列属性（如"出生日期"）进行排列，可以这样操作：选中"出生日期"列任意一个单元格，然后单击"降序排序"按钮即可。

提示：

① 如果排序的对象是数值和日期，则按数值大小进行排序。

② 如果排序的对象是中文字符，则按"汉语拼音"顺序排序。

③ 如果排序的对象是西文字符，则按"西文字母"顺序排序。

（2）多关键字排序

如果需要按"工号、出生年月、职务"对数据进行排序，可以这样操作：选中数据表格中任意一个单元格，选择"数据"→"排序和筛选"→"排序"命令，弹出"排序"对话框，如图5-65所示，将"主要关键词、次要关键词、第三关键词"分别设置为"销售人员、产品名称、交易金额"，并设置好排序方式("升序"或"降序")，单击"确定"按钮即可。

图5-65 "排序"对话框

（3）自定义排序

当对"职务"列进行排序时，无论是按"拼音"还是"笔画"，都不符合的要求。对于这个问题，可以通过自定义序列来进行排序：

选择"文件"→"选项"命令，弹出"Excel选项"对话框，选择"高级"选项卡，单击"编辑自定义列表"按钮，弹出"自定义序列"对话框。选中左边"自定义序列"列表框中的"新序列"，光标就会在右边的"输入序列"框内闪动，此时就可以输入"职员，副经理，经理"等自定义序列，如图5-66所示，输入的每个序列之间要用英文逗号分隔，或者每输入一个序列就按两次【Enter】键。

图5-66 "自定义序列"对话框

如果序列已经存在于工作表中，可以选中序列所在的单元格区域，然后单击"导入"按钮，这些序列就会被自动加入"输入序列"框中。无论采用以上哪种方法，单击"添加"按钮即可将序列放入"自定义序列"中备用。

　　然后单击图 5-65 中有"选项"按钮，弹出"排序选项"对话框，如图 5-67 所示，选中前面定义的排序规则，其他选项保持不动。返回"排序"对话框，根据需要选择"升序"或"降序"，单击"确定"按钮即可完成数据的自定义排序。

　　需要说明的是：显示在"自定义序列"选项卡中的序列（如一、二、三等），均可按以上方法参与排序，请注意 Excel 2010 提供的自定义序列类型。

图 5-67　"排序选项"对话框

3. 数据筛选

　　筛选在 Excel 中是一个不可缺少的功能，综合利用好各种筛选方法可对数据处理工作带来极大的方便，提高工作效率。Excel 提供了两种筛选命令：自动筛选和高级筛选。

　　（1）自动筛选

　　自动筛选一般用于简单的条件筛选，筛选时将不满足条件的数据暂时隐藏起来，只显示符合条件的数据。其具体步骤如下：

　　① 选定数据清单中的任意一个单元格。

　　② 选择"数据"→"排序和筛选"→"筛选"命令，可以看到数据清单的列标题全部变成下拉列表形式，如图 5-68 所示。

　　③ 单击列标题的下拉列表，如果选择"自定义"，则弹出"自定义自动筛选方式"对话框，如图 5-69 所示，在此对话框中输入相应的值，单击"确定"按钮。

图 5-68　"自动筛选"下拉列表　　　　图 5-69　"自定义自动筛选方式"对话框

　　④ 如果需要取消自动筛选，可以再次选择"数据"→"排序筛选"→"筛选"命令。

　　（2）高级筛选

　　高级筛选一般用于条件较复杂的筛选操作，其筛选的结果可显示在原数据表格中，不符合条件的记录被隐藏起来；也可以在新的位置显示筛选结果，不符合条件的记录同时保留在数据表中而不会被隐藏起来，这样更加便于进行数据的比对。

使用高级筛选功能，必须先建立一个条件区域，其具体要求如下：

① 条件区域与数据清单之间至少留一个空白行。

② 条件区域可以包含若干列，列标题必须是数据清单中某列的列标题。

③ 条件区域可以包含若干行，每行为一个筛选条件（称为条件行），条件行与条件行之间为"或"关系，即数据清单中的记录只要满足其中一个条件行的条件，筛选时就显示。

④ 如果一个条件行的多个单元格输入了条件，这些条件为"与"关系，即这些条件都满足时，该条件行的条件才算满足。

⑤ 条件行单元格中条件的格式是在比较运算符后面跟一个数据。无运算符表示"="，无数据表示 0。

下面在图 5-70 所示的公司员工档案信息表中筛选出"基本工资"介于 3 000 和 6 000 之间（不包括 3 000 和 6 000）的男职工的数据，使用高级筛选来实现，其具体步骤如下：

公司员工档案信息表

工号	姓名	性别	出生日期	部门	职务	学历	联系电话	基本工资
4009001	王振才	男	1963-5-7	销售部	职员	本科	139×××9843	6000
4009002	马建民	男	1968-7-7	人事部	职员	本科	133×××7579	5500
4009003	孙海亭	男	1969-9-8	财务部	副经理	本科	189×××1233	5800
4009004	彭庆华	男	1970-2-9	研发部	职员	本科	135×××4621	5500
4009005	牟希雅	女	1970-12-9	销售部	职员	本科	134×××2563	4000
4009006	王建美	女	1971-2-9	研发部	职员	本科	139×××7354	5500
4009007	刘凤昌	男	1971-12-16	研发部	副经理	专科	135×××6853	5800
4009008	刘国明	男	1973-1-13	研发部	职员	专科	138×××3395	4000
4009009	张英	女	1974-7-6	行政部	经理	本科	137×××5373	6500
4009010	陈关敏	女	1973-5-1	办公室	副经理	本科	134×××8294	5800
4009011	朱思华	男	1987-6-6	研发部	职员	研究生	139×××1935	5500
4009012	陈德华	男	1980-5-1	客服部	职员	本科	138×××0093	5500
4009013	刘大力	男	1976-8-13	办公室	职员	专科	135×××2552	5500
4009014	王霞	女	1979-9-9	销售部	职员	研究生	137×××3234	4000
4009015	艾晓敏	女	1979-12-12	行政部	职员	专科	132×××2832	5000
4009016	刘国强	男	1980-2-4	人事部	副经理	研究生	136×××7768	5800
4009017	刘方明	男	1981-9-12	销售部	职员	专科	137×××7809	3500
4009018	王磊	男	1983-1-10	销售部	职员	专科	138×××6539	3500

图 5-70　公司员工档案信息表

① 设置条件区域：在 C23 单元格中输入"性别"，在它下面的单元格中输入"男"（这里所输入的"性别"要与原数据区中的"性别"完全相同，如两字中间有空格，仍保留空格）。D23、E23 两单元格中分别输入"基本工资"，其下面单元输入">3000""<6000"（3 个条件在同一行，表示同时成立。即要求条件是基本工资在 3 000~6 000 之间的男性），如图 5-71 所示。

图 5-71　"条件区域"设置

② 进行高级筛选：单击数据区任意一单元格，然后选择"数据"→"排序和筛选"→"高级"命令，如图 5-72 所示。

③ 弹出"高级筛选"对话框，如图 5-73 所示，"方式"选择"将筛选结果复制到其他位置"单选按钮，"列表区域"默认是整个数据区域，不用处理。单击"条件区域"右侧的折叠按钮。

图 5-72　"排序和筛选"组

图 5-73　"高级筛选"对话框

④ 拖动鼠标选择 C23:E24 单元格区域，选中第 1 步输入的条件区域，如图 5-74 所示，单击箭头所指的折叠按钮返回。

⑤ 单击"复制到"右侧的折叠按钮，如图 5-75 所示。

图 5-74　"条件区域"对话框

图 5-75　单击"复制到"右侧的折叠按钮

⑥ 单击 A27 单元格，筛选结果所放的位置，再单击折叠按钮返回。

⑦ 返回后单击"确定"按钮，得到筛选结果，如图 5-76 所示。

27	工号	姓名	性别	出生日期	部门	职务	学历	联系电话	基本工资
28	4009002	马建民	男	1968-7-7	人事部	职员	本科	133×××7579	5500
29	4009003	孙海亭	男	1969-9-8	财务部	副经理	本科	189×××1233	5800
30	4009004	彭庆华	男	1970-2-9	研发部	职员	本科	135×××4621	5500
31	4009007	刘凤昌	男	1971-12-16	研发部	副经理	专科	135×××6853	5800
32	4009008	刘国明	男	1973-1-13	研发部	职员	专科	138×××3395	4000
33	4009012	陈德华	男	1980-5-1	客服部	职员	本科	138×××0093	5500
34	4009013	刘大力	男	1976-8-13	办公室	职员	专科	135×××2552	5500
35	4009016	刘国强	男	1980-2-4	人事部	副经理	研究生	135×××7768	5800
36	4009017	刘方明	男	1981-9-12	销售部	职员	专科	137×××7809	3500
37	4009018	王磊	男	1983-1-10	销售部	职员	专科	138×××6539	3500

图 5-76　筛选结果

4．分类汇总

在日常工作中，我们常用 Excel 的分类汇总功能来统计数据。Excel 2010 可自动计算列表中的分类汇总和总计值。当插入自动分类汇总时，Excel 2010 将分级显示列表，以便为每个分类汇总显示和隐藏明细数据行。

具体步骤如下：

① 选定数据清单中进行分类汇总的分类字段列中的"部门"单元格，选择"开始"→"编辑"→"排序和筛选"→"升序"按钮，排序后结果如图 5-77 所示。

工号	姓名	性别	部门	学历	平均分	文档处理	表格设计	多媒体演示	商务英语	计算机应用	总分
					公司员工在职培训成绩统计表						
4009010	陈关敏	女	办公室	本科	76.2	82	97	52	73	77	381
4009013	刘大力	男	办公室	专科	80	96	55	75	85	89	400
4009003	孙海亭	男	财务部	本科	69.6	66	76	71	77	58	348
4009009	张英	女	行政部	本科	83.2	75	82	85	92	82	416
4009015	艾晓敏	女	行政部	专科	85.6	75	82	85	92	94	428
4009012	陈德华	男	客服部	本科	78.6	89	77	84	76	67	393
4009002	马建民	男	人事部	专科	78.2	75	95	72	87	62	391
4009016	刘国强	男	人事部	研究生	77.4	82	97	52	73	83	387
4009001	王振才	男	销售部	本科	88.4	89	82	90	82	99	442
4009005	牟希雅	女	销售部	专科	78.2	89	77	84	76	65	391
4009014	王霞	女	销售部	研究生	79	85	86	66	82	76	395
4009017	刘方明	男	销售部	专科	81.4	89	82	78	70	88	407
4009018	王磊	男	销售部	专科	78.6	80	75	77	83	78	393
4009004	彭庆华	男	研发部	本科	80.2	93	85	63	81	79	401
4009006	王建美	男	研发部	本科	83.2	93	85	72	88	78	416
4009007	刘凤昌	男	研发部	专科	74.4	96	55	75	85	61	372
4009008	刘国明	男	研发部	专科	76.2	85	86	66	82	62	381
4009011	朱思华	女	研发部	研究生	84.8	93	85	72	88	86	424

图 5-77　按"部门"排序后的结果

② 选择"数据"→"分级显示"→"分类汇总"命令，弹出"分类汇总"对话框，在"汇总方式"下拉列表中选择相应选项，在"选定汇总项"列表框中选中需要的汇总项，如图 5-78 所示。

③ 单击"确定"按钮。在对数据进行汇总后，如果需要恢复工作表的原始数据，可再次选定工作区域，选择"数据"→"分级显示"→"分类汇总"命令，在弹出的"分类汇总"对话框中单击"全部删除"按钮，即可将汇总结果删除，恢复原始数据。

图 5-78　"分类汇总"对话框

5.9 【案例 8】制作年度销售业绩分析图

案例分析

本任务主要是使用图标的形式更加直观地呈现员工每个季度以及年度销售情况。通过该任务让读者掌握 Excel 中创建图表、编辑图表以及美化图表的方法。

案例目标

- 掌握创建图表的方法。
- 掌握编辑图表的方法。
- 掌握美化图表的方法。

实施过程

① 打开"1月～4月全体销售员业绩.xls"。

② 选中单元格 A1:K5，选择"插入"→"图表"→"柱形图"→"簇状柱形图"命令，在表中建立一个柱形图，如图 5-79 所示。

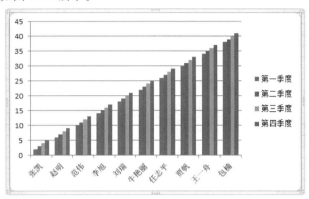

图 5-79　插入柱形图

③ 选择"图表工具"｜"设计"→"数据"→"切换行/列"命令，柱形图变为以时间为横坐标、以销量为纵坐标的形式，如图 5-80 所示。

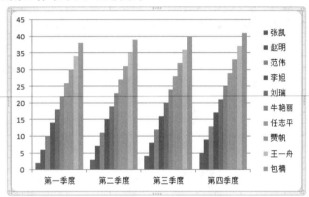

图 5-80　切换行/列后的柱形图

④ 选择"图表工具"｜"布局"→"标签"→"图表标题"→"图表上方"命令，在"图表标题"文本框中输入"1月～4月销售员业绩排行榜"，如图 5-81 所示。

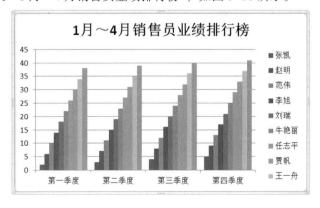

图 5-81　1月～4月销售员业绩排行榜

⑤ 选择"图表工具"|"设计"→"位置"→"移动图表"命令，弹出"移动图表"对话框，选中"新工作表"单选按钮，并在后面的文本框中输入新工作表的名称，如图 5-82 所示，单击"确定"按钮。

图 5-82 "移动图表"对话框

⑥ 在图表中，选中标题文本框，将标题的字体设置为黑体，18 号，白色；选中横坐标区域，将横坐标轴字体设置为楷体，16 号，白色；选中图例区域，将图例字体设置为楷体，14 号。选择"图表工具"|"格式"→"形状样式"→"形状填充"→"黑色"命令，将图表背景颜色设置为黑色。最终效果如图 5-83 所示。

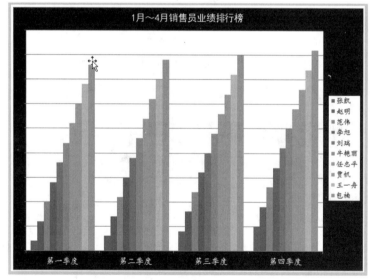

图 5-83 图表完成效果图

知识链接

Excel 图表可以将数据图形化，更直观地显示数据，使数据的比较或趋势变得一目了然，从而更容易表达我们的观点。图表在数据统计中用途很大。图表可以用来表现数据间的某种相对关系，在常规状态下我们一般运用柱形图比较数据间的多少和大小关系；用折线图反映数据间的趋势关系；用饼图表现数据间的比例分配关系。

1. 图表类型

运用 Excel 的图表制作可生成 14 种类型的图表：

① 面积图：显示一段时间内变动的幅值。当有几个部分正在变动，但又对那些部分的总和

感兴趣时，面积图特别有用。面积图能使用户单独看见各部分的变动，同时也能看到总体的变化。

②　条形图：由一系列水平条组成，使得对于时间轴上的某一点，两个或多个项目的相对尺寸具有可比性。比如，它可以比较每个季度 3 种产品中任意一种的销售数量。条形图中的每一条在工作表上是一个单独的数据点或数。因为它与柱形图的行和列刚好相反，所以有时可以互换使用。

③　柱形图：由一系列垂直条组成，通常用来比较一段时间中两个或多个项目的相对尺寸。例如，不同产品季度或年销售量对比、在几个项目中不同部门的经费分配情况和每年各类资料的数目等。条形图是应用较广的图表类型，很多人用图表都是从它开始的。

④　折线图：用来显示一段时间内的趋势，比如数据在一段时间内呈增长趋势，在另一段时间内处于下降趋势。可以通过折线图对将来做出预测。

⑤　股价图：它是一类比较复杂的专用图形，通常需要特定的几组数据。主要用来研判股票或期货市场的行情，描述一段时间内股票或期货的价格变化情况。股价图共有 4 种子图表类型：盘高–盘低–收盘图、开盘–盘高–盘低–收盘图、成交量–盘高–盘低–收盘图和成交量–开盘–盘高–盘低–收盘图。其中的开盘–盘高–盘低–收盘图也称 K 线图，是股市上股票行情最常用的技术分析工具之一。

⑥　饼图：用于对比几个数据在其形成的总和中所占的百分比值时最有用。整个饼代表总和，每一个数用一个楔形或薄片代表，比如表示不同产品的销售量占总销售量的百分比、各单位的经费占总经费的比例和收集的藏书中每一类占多少等。饼图虽然只能表达一个数据列的情况，但因为表达清楚明了，又易学好用，所以在实际工作中用得比较多。

⑦　雷达图：显示数据如何按中心点或其他数据变动。每个类别的坐标从中心点辐射，来源于同一序列的数据同线条相连。采用雷达图绘制几个内部关联的序列，可轻易做出可视的对比。

⑧　XY 散点图：展示成对的数和它们所代表的趋势之间的关系。对于每一个数对，一个数被绘制在 X 轴上，而另一个数被绘制在 Y 轴上。过两点做轴垂线，相交处在图表上有一个标记，当大量的这种数对被绘制后，将弹出一个图形。散点图的重要作用是可以用来绘制函数曲线，从简单的三角函数、指数函数、对数函数到更复杂的混合型函数，都可以利用它快速准确地绘制出曲线，所以在教学、科学计算中会经常用到。

还有其他一些类型的图表，如圆柱图、圆锥图和棱锥图等，都是由条形图和柱形图变化而来的，没有突出的特点。

2．创建图表

以柱形图为例，介绍图表制作方法，具体步骤如下：

①　选定需生成图表的数据区域：拖动选取要生成图表的单元格区域，如图 5-84 所示。

	A	B	C	D	E	F	G
1			成绩统计表				
2	编号	姓名	性别	语文	数学	英语	总分
3	1	张明	男	85	99	87	271
4	2	李凯	男	94	95	78	267
5	3	王璐	女	78	93	67	238
6	4	赵敏	女	69	89	65	223
7	5	黄艾	男	82	92	88	262
8	6	陈川	男	90	78	89	257
9	7	白帆	女	88	69	91	248
10	8	贺娟	女	76	85	84	245

图 5-84　选中制作图表的单元格区域

② 设置图表的类型：选择"插入"→"图表"→"柱形图"→"簇状柱形图"按钮，在表中建立一个柱形图，如图 5-85 所示。

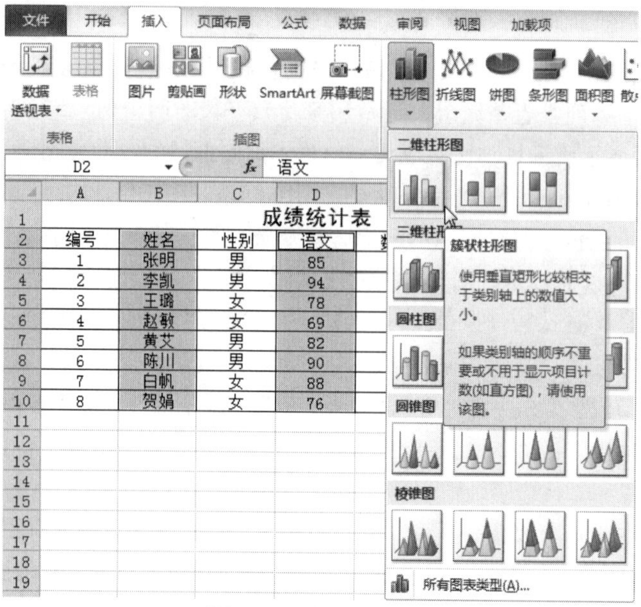

图 5-85　插入柱形图

③ 设置数据源：选择"图表工具"|"设计"→"数据"→"选择数据"命令，弹出"选择数据源"对话框，如图 5-86 所示，可根据需要对行/列进行切换。

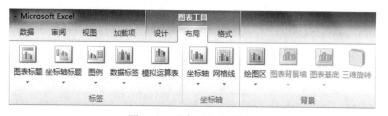

图 5-86　"选择数据源"对话框

④ 设置图表选项：在"图表工具"|"布局"选项卡中，通过"标签""坐标轴""背景"组中的命令，可对图表标题、坐标轴标题、图例、数据标签、坐标轴、网格线、绘图区等进行设置，如图 5-87 所示。

图 5-87　"布局"选项卡

⑤ 设置图表位置：默认情况下，Excel 程序会将生成的图表嵌入当前工作表中。如果希望将图表与表格工作区分开，可以选择"图表工具"|"设计"→"位置"→"移动图表"命令，在弹出的"移动图表"对话框中进行设置，如图 5-88 所示。

经过上述步骤的设置，便生成需要的柱形图，如图 5-89 所示。

图 5-88　"移动图表"对话框

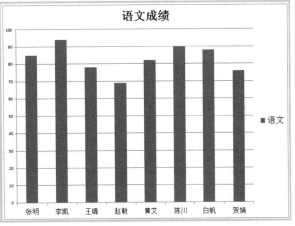

图 5-89　创建的图表

3．编辑图表

图表制作完成后，可对图表进一步编辑和修饰。有很多种修饰项目，可根据需要逐一修改。

（1）更改图表类型

选中需要更改的图表，选择"图表工具"|"设计"→"类型"→"更改图表类型"命令，弹出"更改图表类型"对话框，如图 5-90 所示，进行选择即可。

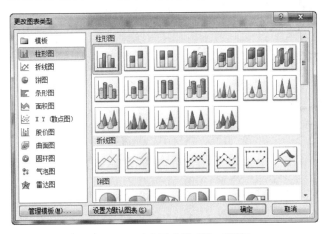

图 5-90　"更改图表类型"对话框

（2）更改图表元素

组成图表的元素包括图表标题、坐标轴、网格线、图例、数据标志等，用户均可添加或重新设置。

例如，添加标题的方法是：单击"图表工具"|"布局"→"图表标题"下拉按钮，然后在弹

出的列表中选择一种图表标题样式，如"居中覆盖标题"，然后在"图表标题"文本框中输入标题文字即可。

（3）调整图表大小

拖动图表区的框线可改变图表的整体大小。改变图例区、标题区、绘图区等大小的方法相同，即在相应区的空白处单击，边框线出现后，拖动框线即可。

（4）动态更新图表中的数据

生成图表后，若需要修改表格中的数据，修改后不必重新生成图表，图表会自动更新。

（5）移动图表

我们经常需要移动图表到恰当的位置，让工作表看起来更美观。移动图表的步骤为：首先单击图表的边框，图表的四角和四边上将出现 8 个黑色的小正方形。按住鼠标左键不放并拖动，鼠标指针会变成四向箭头和虚线，拖动鼠标将图表移动到恰当的位置后释放鼠标即可。

（6）删除图表

单击图表的边框以选中图表，然后按【Delete】键即可。

4. 美化图表

图表制作完成后，可根据需要，按照提示，选择满意的背景、色彩、子图表、字体等美化图表。

在图表中双击任何图表元素都会打开相应的格式对话框，在该对话框中可设置该图表元素的格式。

例如，选中图表的标题，选择"图表工具"｜"格式"→"当前所选内容"→"设置所选内容格式"命令，弹出"设置图表标题格式"对话框，如图 5-91 所示，在该对话框中可以设置图表标题的填充方式、边框颜色、边框样式、阴影和对齐方式等。

又如，选中图表中的坐标轴，选择"图表工具"｜"格式"→"当前所选内容"→"设置所选内容格式"命令，弹出"设置坐标轴格式"对话框，如图 5-92 所示，在该对话框中可以设置坐标轴选项、数字、填充、线条颜色、线性和对齐方式等。

图 5-91　"设置图表标题格式"对话框

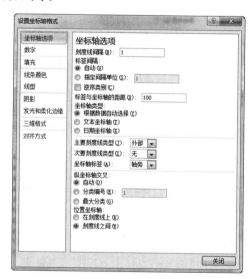

图 5-92　"设置坐标轴格式"对话框

本 章 小 结

　　Excel 使用范围广，其功能也越来越强大，可以媲美一个小型的数据库。Excel 不仅界面简捷、使用方便，而且无须深厚的计算机专业能力就能成为一个出色的数据分析员。所以学好 Excel 也是为今后工作打下的必备基础。

　　本章简单介绍了 Excel 理论方面的知识，主体内容用了 8 个案例来对 Excel 工作表的基本操作、工作表和工作簿的应用、数据输入、单元格设置、公式和函数、排序与筛选、透视表、图表等知识模块的实际应用进行讲解，每个案例又分为案例分析、案例目标、实施过程和知识链接 4 个部分，都具有一定的实操性。

第 6 章 PowerPoint 2010 演示文稿制作软件

【知识目标】

● 了解 PowerPoint 2010 在日常工作中的用途。

【技能目标】

● 了解 PowerPoint 2010 的界面以及功能特点。
● 熟悉 PowerPoint 2010 菜单栏各项功能的应用。
● 能够创建 PowerPoint 2010 并对其进行编辑。
● 熟练应用 PowerPoint 2010 主题功能并能对幻灯片进行美化。
● 能够打包 PowerPoint 2010 演示文稿。

PowerPoint 2010 是微软公司 Office 套件中非常出名的一个应用软件，它的主要功能是制作和演示幻灯片，可有效帮助用户进行演讲、教学和产品演示等，更多地应用于企业和学校等教育机构。PowerPoint 2010 提供了比以往更多的方法，能够让用户创建动态演示文稿并与访问群体共享。

6.1 PowerPoint 2010 简介

演示文稿是应用信息技术将文字、图片、声音、动画和电影等多种媒体有机结合在一起形成的多媒体幻灯片，广泛应用于会议报告、课程教学、广告宣传、产品演示等方面。学习制作多媒体演示文稿是大学计算机基础课程的一个重要内容。本章首先简要介绍了制作演示文稿的一些软件，然后以 PowerPoint 2010 为例，讲解演示文稿的制作、编辑以及打包等内容。

PowerPoint 2010 与之前版本相比，具有如下新功能：

1. 插入剪辑视频和音频功能

用户可直接在 PowerPoint 2010 中轻松嵌入和编辑视频，而不需要其他软件。可以添加淡化效果、格式效果、书签场景，并能剪裁视频，为演示文稿增添专业的多媒体体验。

2. 左侧面板的分节功能

PowerPoint 2010 新增加了分节功能。在左侧面板中，用户可以将幻灯片分节，以方便地管理幻灯片。

3. 广播幻灯片功能

广播幻灯片功能允许其他用户通过互联网同步观看主机的幻灯片播放。

4．过渡时间精确设置功能

为了更加方便地控制幻灯片的切换时间，在 PowerPoint 2010 中切换幻灯片设置摒弃了原来的"快中慢"的设置，变成了更精确的设置。用户可自定义精确的时间。

5．录制演示功能

"录制演示"功能可以说是"排练计时"的强化版，它不仅能够自动记录幻灯片的播放时长，还允许用户直接使用激光笔（可用 Ctrl+鼠标左键在幻灯片上标记）或麦克风为幻灯片加入旁白注释，并将其全部记到幻灯片中，大大提高了新版幻灯片的互动性。这项功能不仅能够观看幻灯片，还能够听到讲解等，给用户以身临其境，如同处在会议现场的感受。

6．图形组合功能

制作图形时，可能需要使用不同的组合形式，如联合、交集、打孔和裁切等，在 PowerPoint 2010 中也加入了这项功能，设置在"文件"按钮的选项中。

7．合并和比较演示文稿功能

使用 PowerPoint 2010 中的合并和比较功能，可以对当前演示文稿和其他演示文稿进行比较，并可将它们合并。

8．将演示文稿转换为视频功能

将演示文稿转换为视频是分发和传递它的一种新方法。如果希望为同事或客户提供演示文稿的高保真版本（通过电子邮件附件形式、发布到网站，或者刻录 CD 或 DVD），就可以选择将其保存为视频文件。

9．将鼠标转变为激光笔功能

在"幻灯片放映"视图中，按住【Ctrl】键并单击，即可开始标记。

6.1.1　PowerPoint 2010 的启动与退出

1．启动 PowerPoint 2010

可以通过以下几种方式启动 PowerPoint 2010：

① 在 Windows 7 界面下，单击"开始"按钮，选择"所有程序"→"Microsoft Office" →"Microsoft Office PowerPoint 2010"命令，即进入 PowerPoint 界面，如图 6-1 所示。

② 双击桌面上的 PowerPoint 2010 快捷图标，也可以进入图 6-1 所示的初始界面。

③ 双击一个 PowerPoint 2010 文件，可以在启动 PowerPoint 2010 的同时打开该演示文稿文件。

2．退出 PowerPoint 2010

PowerPoint 2010 的退出方式与 Windows 中其他应用程序的退出方式基本相同，可以参考 Word 2010 或者 Excel 2010 的退出方法。

6.1.2　基本操作界面和基本操作

1．基本操作界面

PowerPoint 2010 的窗口界面由标题栏、菜单栏、工具栏、窗格、状态栏等部分组成，使用方法与 Word 2010 应用程序中相对应部分的使用方法相同。PowerPoint 2010 的工作界面如图 6-1 所示。

（1）标题栏

标题栏显示打开的文件名称和软件名称"Microsoft PowerPoint"共同组成的标题内容。右边是3个窗口控制按钮。

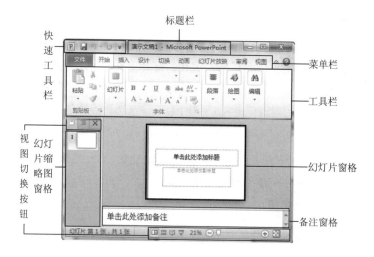

图 6-1 PowerPoint 2010 工作界面

（2）菜单栏

菜单栏提供了"文件"命令以及"开始""插入""设计""切换""动画""幻灯片放映""审阅"和"视图"8个选项卡。

（3）工具栏

工具栏提供对应菜单常用功能的快捷方式。

（4）窗格

PowerPoint 2010 窗口界面中有幻灯片窗格、幻灯片缩略图窗格和备注窗格。

① 幻灯片窗格。在 PowerPoint 2010 中打开的第一个窗口有一块较大的工作空间，该空间位于窗口中部，除右侧外其周围有多个小区域。这块中心空间就是幻灯片区域，正式名称为"幻灯片窗格"。

② 幻灯片缩略图窗格。幻灯片窗格左侧是幻灯片缩略图窗格，它是正在使用的幻灯片的缩略图。它的顶端和右下端都有视图切换按钮。在普通视图时，任意选择"幻灯片"选项卡和"大纲"选项卡，单击此处的幻灯片缩略图即可在幻灯片之间导航。

③ 备注窗格。幻灯片窗格下面是备注窗格，用于输入在演示时要使用的备注。如果需要在备注中加入图形，则必须转入备注页才能实现。

拖动窗格边框可调整各个窗格的大小。

2. 基本操作

演示文稿的基本操作包括新建演示文稿和保存演示文稿。

在"新建演示文稿"任务窗格中，有7种方式可实现演示文稿新建：空白演示文稿、最近打开的模板、样本模板、主题、我的模板、根据现有内容新建和 Office.com 模板，选择以上7种方式的任意一种后单击"创建"按钮即可新建演示文稿。

新建空演示文稿有两种方式：

①　如果没有打开演示文稿文件，启动 PowerPoint 2010 程序后，系统自动新建一个名称为"演示文稿 1.ppt"的空白演示文稿。

②　在打开的演示文稿文件窗口中要新建空演示文稿，方法是：选择"文件"→"新建"命令，选择"空白演示文稿"，然后单击右边预览窗格中的"创建"按钮即建立一个新的、名称为"演示文稿×"的新演示文稿。×为正整数，系统根据当前打开的演示文稿数量自动确定。

幻灯片版式是 PowerPoint 2010 软件中的一种常规排版的格式，通过幻灯片版式的应用可以对文字、图片等更加合理简洁地完成布局，版式由文字版式、内容版式、文字和内容版式与其他版式 4 个版式组成。

（1）根据模板和主题新建演示文稿

模板和主题决定幻灯片的外观和颜色，包括幻灯片背景、项目符号以及字形、字体颜色和字号、占位符位置和各种设计强调内容。

PowerPoint 2010 提供了多种模板和主题，可在线搜索合适的模板和主题。此外，用户也可根据自身的需要自建模板和主题。

根据模板和主题建立新演示文稿的方法如下：

选择"文件"→"新建"命令，在"可用模板和主题"和 Office.com 提供的在线模板子菜单栏中选择所需模板，然后在右边预览窗口中单击"创建"按钮即可建立一个新的、名称为"演示文稿×"的新演示文稿。

（2）根据现有内容新建演示文稿

选择"文件"→"新建"命令，在"可用的模板和主题"栏中选择"根据现有内容新建"，则弹出"根据现有演示文稿新建"对话框，选择一个存在的演示文稿文件，单击"新建"按钮。打开的演示文稿内容不变，系统将名称自动更改为"演示文稿×"。

（3）相册

在 PowerPoint 2010 中也可以快速创建相册，它是一个演示文稿，由标题幻灯片和图形图像集组成，每个幻灯片包含一个或多个图像。可以从图形文件、扫描仪或与计算机相连的数码照相机中获取图像。创建相册，其具要操作如下：

①　选择"插入"→"图像"→"相册"命令，弹出"相册"对话框，如图 6-2 所示。

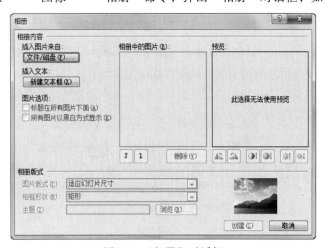

图 6-2　"相册"对话框

② 在"相册"对话框中构建相册演示文稿。可以使用控件插入图片，插入文本框（用于显示文本的幻灯片），预览、修改或重新排列图片，调整幻灯片上图片的布局以及添加标题。

③ 单击"创建"（引号为西文格式）按钮创建已构建的相册。

3．保存演示文稿

演示文稿的保存方式与 Word 文档的保存类似。用户可通过选择"文件"→"保存"或者"另存为"命令进行保存，PowerPoint 2010 演示文稿可以保存的主要文件格式如表 6-1 所示。

表 6-1   PowerPoint 2010 的主要文件格式

保存为文件类型	扩展名	用 于 保 存
PowerPoint 演示文稿	.pptx	PowerPoint 2007 以上版本的演示文稿，默认为支持 XML 的文件格式
启用宏的 PowerPoint 演示文稿	.pptm	包含 Visual Basic for Applications (VBA)（Visual Basic for Applications (VBA):Microsoft Visual Basic 的宏语言版本，用于编写基于 Microsoft Windows 的应用程序，内置于多个 Microsoft 程序中）代码的演示文稿
PDF 文档格式	.pdf	由 Adobe Systems 开发的基于 PostScript 的电子文件格式，该格式保留了文档格式并允许共享文件
启用宏的 PowerPoint 放映	.ppsm	包含预先批准的宏的幻灯片放映，可以从幻灯片放映中运行这些宏
PowerPoint 加载项	.ppam	用于存储自定义命令、Visual Basic for Applications (VBA) 代码和特殊功能（例如加载项）的加载项
Windows Media 视频	wmv	保存为视频的演示文稿。PowerPoint 演示文稿可按高质量(1 024 × 768，30 帧/秒)、中等质量（640 × 480，24 帧/秒）和低质量（320 × 240，15 帧/秒）进行保存
GIF（图形交换格式）	.gif	作为用于网页的图形的幻灯片
JPEG（联合图像专家组）文件格式	.jpg	作为用于网页的图形的幻灯片
设备无关位图	.bmp	作为用于网页的图形的幻灯片
大纲/RTF	.rtf	演示文稿大纲为纯文本文档，可提供更小的文件大小，并能与具有不同版本的 PowerPoint 或操作系统的其他人共享不包含宏的文件
PowerPoint 图片演示文稿	.pptx	将演示文稿保存为一幅幅图片，即使没有安装 PowerPoint 软件或播放器，也可利用图片浏览器观看

6.1.3   视图模式

视图是 PowerPoint 为用户提供的查看和使用演示文稿的方式，一共有 4 种，即普通视图、幻灯片浏览视图、阅读视图和幻灯片放映。可以单击图 6-1 中的视图切换按钮来切换不同的视图。

1．普通视图

PowerPoint 2010 启动后，一般都进入普通视图状态。普通视图是最常用的一种视图模式，是一个"三框式"结构的视图。即包含 3 种窗格：幻灯片窗格、幻灯片缩略图窗格和备注窗格。

PowerPoint 2010 将"大纲视图"和"幻灯片视图"组合到普通视图中，通过幻灯片缩略图窗格顶端的视图切换按钮进行这两种视图界面之间的切换。

（1）大纲视图

单击"幻灯片缩略图窗格"顶端的"大纲"标签，视图方式切换为大纲视图方式。在左边的窗格内显示演示文稿所有幻灯片上的全部文本，并保留除色彩以外的其他属性。通过大纲窗格，可以浏览整个演示文稿内容的纲目结构全局，是综合编辑演示文稿内容的最佳视图方式。

在"大纲"窗格内选择一个幻灯片，则显示该幻灯片的全部详细情况，且可以对其进行操作。如右击某个幻灯片即可出现操作菜单，如图 6-3 所示。

（2）幻灯片视图

单击"幻灯片缩略图窗格"顶端的"幻灯片"标签，视图方式切换为幻灯片视图方式。在左边的窗格内显示演示文稿所有幻灯片的缩略图。

幻灯片的编辑和制作均在普通视图下进行。其中幻灯片的选择、插入、删除、复制一般在普通视图的"幻灯片缩略图窗格"中进行，而每一张幻灯片内容的添加、删除等操作均在"幻灯片窗格"中进行。

2. 幻灯片浏览视图

图 6-3　大纲视图右键菜单

幻灯片浏览视图是一种观察文稿中所有幻灯片的视图，如图 6-4 所示。在幻灯片浏览视图中，按缩小后的形态显示文稿中的所有幻灯片，每个幻灯片下方显示有该幻灯片的演示特征（如定时、切入等）图标。在该视图中，用户可以检查文稿在总体设计上设计方案的前后协调性，重新排列幻灯片顺序，设置幻灯片切换和动画效果，设置（排练）幻灯片放映时间等。但要注意的是，在该视图中不能对每张幻灯片中的内容进行操作。

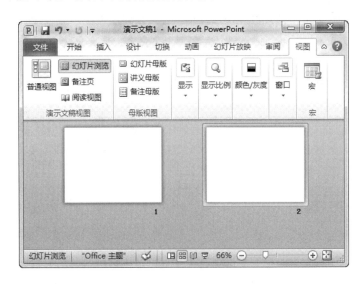

图 6-4　幻灯片浏览视图

3. 幻灯片放映视图

幻灯片放映就是真实的播放幻灯片，即按照预定的方式一幅幅动态地显示演示文稿的幻灯片，直到演示文稿结束。

用户在制作演示文稿过程中，可通过幻灯片放映来预览演示文稿的工作状况，体验动画与声音效果，观察幻灯片的切换效果，还可配合讲解为观众带来直观生动的演示效果。

4．备注页视图

备注页视图是专为幻灯片制作者准备的，使用备注页，可以对当前幻灯片内容进行详尽的说明。选择"视图"→"演示文稿视图"→"备注页"命令，可以完整显示备注页。在备注页中，可以添加文本、图形、图像等内容。

6.1.4　演示文稿的打包

演示文稿制作完毕后，有时会在其他计算机上放映，如果所用计算机上未安装 PowerPoint 软件，或者缺少幻灯片中使用的字体等，就无法放映幻灯片或者放映效果不佳。另外，由于演示文稿中包含相当丰富的视频、图片、音乐等内容，小容量的磁盘存储不下，这时就可以把演示文稿打包到 CD 中，便于携带和播放。如果用户 PowerPoint 的运行环境是 Windows 7，就可以将制作好的演示文稿直接刻录到 CD 上，做出的演示 CD 可以在 Windows 98 SE 及以上环境播放，而无需 PowerPoint 主程序的支持，但需要将 PowerPoint 的播放器 pptview.exe 文件一起打包到 CD 中。

1．选定要打包的演示文稿

一张光盘中可以存放一个或多个演示文稿。打开要打包的演示文稿，选择"文件"→"保存并发送"命令，单击"将演示文稿打包成 CD"后再单击"打包在 CD"按钮，弹出"打包成 CD"对话框，这时打开的演示文稿就会被选定并准备打包，如图 6-5 所示。

如果需要将更多的演示文稿添加到同一张 CD 中，将来按设定顺序播放，可单击"添加"按钮，从"添加文件"对话框中找到其他演示文稿，这时窗口中的演示文稿文件名就会变成一个文件列表，如图 6-6 所示。

图 6-5　"打包成 CD"对话框

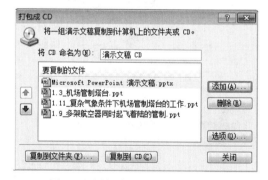

图 6-6　添加多个文件后的对话框

如需调整播放列表中演示文稿的顺序，选中文稿后单击窗口左侧的上下箭头即可。重复以上步骤，多个演示文稿即添加到同一张 CD 中。

2．设置演示文稿打包方式

如果用户需要在未安装 PowerPoint 的环境中播放演示文稿，或需要链接或嵌入 TrueType 字体，单击图 6-6 中的"选项"按钮就会弹出"选项"对话框，如图 6-7 所示。其中"包含这些文件"

下有 2 个复选框：

① 链接的文件：如果用户的演示文稿链接了 Excel 图表等文件，就要选中"链接的文件"复选框，这样可以将链接文件和演示文稿共同打包。

② 嵌入的 TrueType 字体：如果用户的演示文稿使用了不常见的 TrueType 字体，最好选择"嵌入的 TrueType 字体"复选框，这样能将 TrueType 字体嵌入演示文稿，从而保证在异地播放演示文稿时的效果和设计相同。

若用户的演示文稿含有商业机密，或不想让他人执行未经授权的修改，可以输入"打开每个演示文稿时使用密码"或"修改每个演示文稿时所用密码"。上面的操作完成后单击"确定"按钮，返回图 6-7 所示的对话框，即可准备刻录 CD。

3. 刻录演示 CD

将空白 CD 放入刻录机，单击图 6-6 中的"复制到 CD"按钮，就会开始刻录进程。稍等片刻，一张专门用于演示 PPT 文稿的光盘就做好了。将复制好的 CD 插入光驱，稍等片刻就会弹出"Microsoft Office PowerPoint Viewer"对话框，单击"接受"按钮接受其中的许可协议，即可按用户先前设定的方式播放演示文稿。

4. 把演示文稿复制到文件夹

如果使用的操作系统不是 Windows 7，或不想使用 Windows 7 内置的刻录功能，也可以先把演示文稿及其相关文件复制到一个文件夹中。这样既可以把它做成压缩包发送给别人，也可以用其他刻录软件自制演示文稿光盘。

把演示文稿复制到文件夹的方法与打包到 CD 的方法类似，按照上面介绍的方法操作，完成前两步操作后，单击"复制到文件夹"按钮，在弹出的对话框中输入文件夹名称和复制位置（见图 6-8），单击"确定"按钮即可将演示文稿和 PowerPoint Viewer 复制到指定位置的文件夹中。

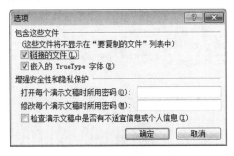

图 6-7　"选项"对话框　　　　　　　　　图 6-8　"复制到文件夹"对话框

复制到文件夹中的演示文稿可以使用 Nero Burning ROM 等刻录工具，将文件夹中的所有文件刻录到光盘。完成后将光盘放入光驱，就可以像 PowerPoint 复制的 CD 那样自动播放。假如用户将多个演示文稿所在的文件夹刻录到 CD，打开 CD 上的某个文件夹，运行其中的"play.bat"即可播放演示文稿。如果用户没有刻录机，也可以将文件夹复制到闪存、移动硬盘等移动存储设备，播放演示文稿时，运行其中的 play.bat 即可。

6.2 【案例1】制作"古诗欣赏"演示文稿

案例分析

古代诗歌是前人留给我们的宝贵财富，随着计算机的普及，电子版诗词已必不可少。下面一起学习使用 PowerPoint 2010 制作一个包含几首古诗的幻灯片。

案例目标

- 创建和保存演示文稿。
- 认识幻灯片中的对象，掌握其操作。
- 学会使用幻灯片样式。
- 掌握幻灯片的操作。

实施过程

1. 创建新演示文稿

双击桌面上的快捷方式图标"PowerPoint 2010"或选择"开始"→"所有程序"→"Microsoft Office"→"Microsoft PowerPoint 2010"命令启动 PowerPoint 2010，并自动创建一个新演示文稿，出现一张"标题"版式的幻灯片。

2. 制作标题幻灯片

① 单击"单击此处添加标题"占位符，输入"古诗欣赏"。

② 单击"单击此处添加副标题"占位符，输入作者姓名，如"中文系 王晓亮"，如图 6-9 所示。

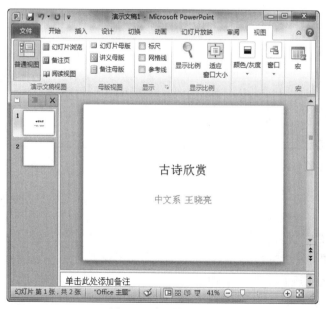

图 6-9　标题幻灯片

3．制作内容幻灯片

① 选择"开始"→"幻灯片"→"新建幻灯片"→"标题和内容"版式幻灯片命令。

② 单击"单击此处添加标题"，输入"春思"。

③ 单击"单击此处添加文本"，输入诗句，如图 6-10 所示。

图 6-10　幻灯片内容

④ 重复上述步骤，再插入 3 张幻灯片，并输入适当的古诗词。

4．添加"古诗朗诵"视频

① 选择"开始"→"幻灯片"→"新建幻灯片"→"标题和内容"版式幻灯片命令。

② 在内容占位符中单击"插入媒体剪辑"按钮，如图 6-11 所示，弹出"插入视频文件"对话框。

③ 选择相应的文件位置和类型，如事先准备的视频"古诗朗诵.avi"，单击"插入"按钮。

④ 单击此视频下方的播放按钮即可观看视频，如图 6-12 所示。

图 6-11　内容占位符

图 6-12　播放视频文件

5．保存演示文稿

单击快速访问工具栏中的"保存"按钮，弹出"另存为"对话框，选择保存位置，输入文件名称"古诗鉴赏",单击"保存"按钮后,该文件以"古诗鉴赏.ppt"文件名保存在指定的位置。

> **注意**:PowerPoint 2010默认保存的文件扩展名为pptx,如果制作的演示文稿还要在PowerPoint 2003等旧版本下运行,则请选择文件类型为"PowerPoint 97-2003演示文稿",这样文件的扩展名为ppt,可在PowerPoint 2003及以前的版本中打开此文件。

知识链接

1. 基本概念

① 演示文稿:在PowerPoint 2010中,一个完整的演示文件被称为演示文稿。

② 幻灯片:幻灯片是演示文稿的核心部分,一个小的演示文稿由几张幻灯片组成,而一个大的演示文稿由几百张甚至更多的幻灯片组成。

③ 占位符:是幻灯片上的一个虚线框,虚线框内部有"单击此处添加标题"之类的添加内容文字提示,单击可以添加相应的内容,并且提示语会自动消失。占位符可以移动、改变大小、删除,还可以自行添加。

2. PowerPoint 2010的工作界面

PowerPoint 2010启动后,在屏幕上即可显示出其工作界面的主窗口,如图6-13所示,它主要包括标题栏、"文件"菜单、快速访问工具栏、功能区、工作区、大纲窗格、备注区和状态栏等。

图6-13　PowerPoint 2010的工作界面

- 标题栏：显示软件的名称和正在编辑的文件名称，如果是新建一个文件，则默认为演示文稿 1。
- "文件"菜单：包括新建、保存、打开、关闭、打印等常用文件操作命令；
- 快速访问工具栏：包含常用的命令按钮，如保存、撤销、恢复等。
- 功能区：将一些最为常用的命令按钮，按选项卡分组，显示在功能区中，以方便调用。常用的选项卡有开始、插入、设计、切换、动画、幻灯片放映、审阅和视图。
- 工作区：编辑幻灯片的工作区，一张张图文并茂的幻灯片就在这里制作完成。
- 备注区：用来编辑幻灯片的一些备注文本。
- 大纲窗格：这个区中，通过"大纲视图"或"幻灯片视图"可以快速查看和编辑整个演示文稿中的任意幻灯片。
- 状态栏：在此处显示出当前文档相应的某些状态要素。

6.3 【案例 2】美化"古诗欣赏"演示文稿

案例分析

案例 1 中的"古诗欣赏"只是完成了初稿，下面一起对这个演示文稿进行美化和修饰。

案例目标

- 学会使用幻灯片母版。
- 学会应用主题。
- 学会设置幻灯片背景。
- 掌握常见的图片编辑操作。

实施过程

1. 打开演示文稿

启动 PowerPoint 2010 后，选择"文件"→"打开"命令，在"打开"对话框中找到目标文件"古诗欣赏.ppt"所在的文件夹，打开文件"古诗欣赏.ppt"。

2. 应用主题样式

用空演示文稿创建的幻灯片是白底黑字，难免单调，可以应用主题样式使幻灯片色彩更鲜艳，画面更丰富，操作步骤如下：

① 选择"设计"→"主题"组，显示各个项目，如图 6-14 所示。

图 6-14　"设计"选项卡

② 鼠标指针指向某种主题后，会将该主题的预览效果显示出来，挑选出满意的效果后单击该主题即应用于演示文稿，本例中单击第三个主题"暗香扑面"，应用后的效果如图 6-15 所示。

图 6-15　应用"暗香扑面"主题后的效果

③ 单击"主题"组中的"颜色"下拉按钮，选择"跋涉"配色方案，如图 6-16 所示。

3．创建幻灯片母版

① 选择"视图"→"母版视图"→"幻灯片母版"命令，切换到幻灯片母版编辑状态，如图 6-17 所示。

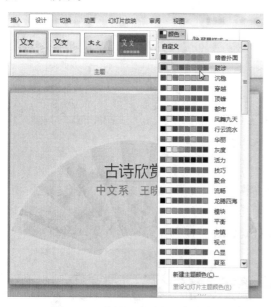

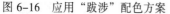

图 6-16　应用"跋涉"配色方案

图 6-17　幻灯片母版编辑

② 单击左侧窗格中的"标题和内容版式：由幻灯片 2 - 6 使用"。

③ 选择"插入"→"图像"→"图片"命令，在弹出的对话框中选择"古诗词.jpg"文件，对图片调整适当的大小，将其置于幻灯片左上角，如图 6-18 所示。

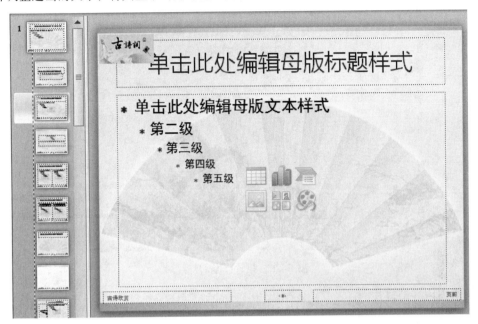

图 6-18　在幻灯片母版添加图片和文字注脚

④ 单击幻灯片左下角的文本框，输入一段文字"古诗欣赏"。

⑤ 选择"幻灯片母版"→"关闭"→"关闭母版视图"命令，如图 6-19 所示，完成母版的创建，切换到幻灯片编辑状态。

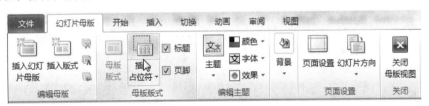

图 6-19　"幻灯片母版"选项卡

4. 修饰标题幻灯片

① 选中标题幻灯片。

② 选中标题"古诗欣赏"，按【Delete】键将其删除。

③ 再次按【Delete】键，删除"单击此处添加标题"占位符。

④ 选择"插入"→"文本"→"艺术字"命令，选择第三行第二列样式，标题幻灯片中出现"请在此处放置文字"，输入"古诗欣赏"。

⑤ 选择"绘图工具"｜"格式"→"艺术字样式"→"文本效果"命令，选择"发光"列表框中的发光变体，如第三行第二列样式。

⑥ 选择"开始"→"字体"组，设置艺术字的大小，效果如图 6-20 所示。

图 6-20　设置标题幻灯片

5. 修饰内容幻灯片

① 选中第二张幻灯片。

② 选择"插入"→"图像"→"图片"命令，在弹出的对话框中选择"春思.jpg"文件并插入。

③ 调整图片和占位符的大小和位置，效果如图 6-21 所示。

④ 选中第三张幻灯片。

⑤ 选择"插入"→"图像"→"图片"命令，在弹出的对话框中选择"溪水.jpg"文件并插入。

⑥ 这张图片比较大，可以将它调整为幻灯片大小，选择"图片工具"|"格式"→"排列"→"下移一层"→"置于底层"命令（见图 6-22），调整内容占位符位置和大小，效果如图 6-23 所示。

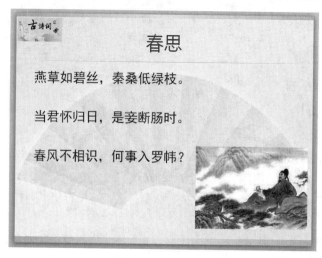

图 6-21　设置第二张幻灯片

图 6-22　"排列"组　　　　　　　　　　图 6-23　第三张幻灯片

⑦ 用图片做背景还有另外一种方法，选中第四张幻灯片。

⑧ 选择"设计"→"背景"→"背景样式"→"设置背景格式"命令，弹出"设置背景格式"对话框。

⑨ 选择"图片或纹理填充"单选按钮，并选择"隐藏背景图形"复选框，单击"文件"按钮，在弹出的对话框中选择"郊亭.jpg"并插入，如图 6-24 所示。

⑩ 单击"关闭"按钮，效果如图 6-25 所示。

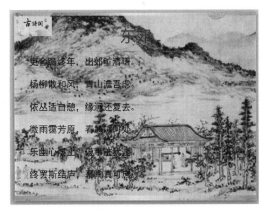

图 6-24　"设置背景格式"对话框　　　　图 6-25　第四张幻灯片

注意：如果单击"全部应用"按钮，则此图片将作为这个演示文稿中所有幻灯片的背景。

⑪ 选中第五张幻灯片，同样可以插入事先准备好的图片素材作为插图。

⑫ 选中第六张幻灯片，因为视频前面有一段黑屏，影响美观，可以将这段黑屏剪掉：选中视频，选择"视频工具"|"格式"→"大小"→"裁剪"命令进行裁剪即可。

6. 给演示文稿加入背景音乐

① 选择第一张幻灯片，选择"插入"→"媒体"→"音频"命令，弹出"插入音频"对话框。

② 选择一首古筝曲"步步清风 .mp3"，单击"插入"按钮。

③ 在"音频工具"|"播放"→"音频选项"组中设置"开始"方式为"跨幻灯片播放"，选择"放映时隐藏"复选框，使喇叭图标在幻灯片放映时不可见，如图 6-26 所示。

图 6-26　"音频选项"组

④ 最后，可以单击状态栏中的"幻灯片放映"按钮，预览放映效果。

知识链接

1. 演示文稿的修饰

PowerPoint 2010 的特色之一是能使演示文稿的所有幻灯片都具有一致的外观，通常有 3 种方法，即母版、应用主题样式和调整主题颜色，并且以上 3 种方法是相互影响的，如果其中一种方案被改变，则另两种方案也会发生相应的变化。

（1）创建母版

母版是指用于定义演示文稿中所有幻灯片共同属性的底板。每个演示文稿的每个关键组件（如幻灯片、标题幻灯片、备注和讲义）都有一个母版。

幻灯片母版通常用来统一整个演示文稿的格式，一旦修改了幻灯片母版，则所有采用这一母版建立的幻灯片格式也随着改变。

选择"视图"→"母版视图"→"幻灯片母版"命令，进入"幻灯片母版视图"状态，如图 6-27 所示。此时"幻灯片母版"选项卡也被自动打开，用户可根据需要，在相应的母版中添加对象，并对其编辑修饰，创建自己的幻灯片母版。对象设置完成后，选择"幻灯片母版视图"→"关闭"→"关闭母版视图"命令，完成创建母版的操作。

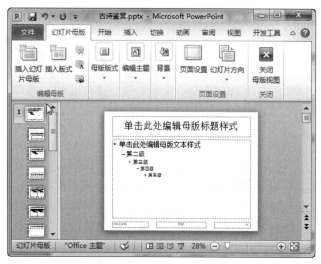

图 6-27　幻灯片母版视图

注意： 在母版视图中创建的对象，在幻灯片视图中是无法编辑的。

（2）应用主题样式

PowerPoint 2010 中提供了很多模板，它们将幻灯片的配色方案、背景和格式组合成各种主题。这些模板称为"幻灯片主题"。 通过选择"幻灯片主题"并将其应用到演示文稿，可以让整个演示文稿的幻灯片均风格一致。

在创建好演示文稿的初稿后，选择"设计"→"主题"组，可看到主题列表，单击"其他"按钮，将会显示所有的可用主题。单击某幻灯片主题，该主题即应用于本演示文稿的所有幻灯片。

（3）调整主题颜色

应用了一种主题样式后，如果觉得所套用样式中的颜色不是自己喜欢的，则可更改主题颜色。主题颜色是指文件中使用的颜色集合，更改主题颜色对演示文稿的效果最为显著。用户可直接从"颜色"下拉列表中选择预设的主题颜色，也可自定义主题颜色来快速更改演示文稿的主题颜色。

如果用户对于内置的主题颜色都不满意，则可以自定义主题的配色方案，并可将其保存下来供以后的演示文稿使用，具体操作如下：

① 选择"设计"→"主题"→"颜色"→"新建主题颜色"命令。

② 弹出"新建主题颜色"对话框，可以对幻灯片中各个元素的颜色进行单独设置。例如，单击"文字/背景–深色 1"右侧的下三角按钮，从展开的下拉列表中选择颜色。

③ 采用相同的方法，更改其他背景或文字颜色，设置完毕后，在"名称"文本框中输入新建主题的名称，这里输入"自定义配色 1"，然后单击"保存"按钮。

此时，当前演示文稿即会自动应用刚自定义的主题颜色。

2. 图形对象的编辑

PowerPoint 2010 可以添加的图形有来自于图片文件、剪贴画、屏幕截图和相册，还可以是图表、SmartArt 图形和自选图形，并且可根据需要对这些图形对象进行编辑，如添加、缩放、移动、复制、删除、裁剪、调整亮度、对比度、设置填充颜色、填充效果、边框颜色、阴影和三维效果等。

6.4 【案例 3】让"古诗欣赏"演示文稿动起来

案例分析

"古诗欣赏"演示文稿虽然已经图文并茂，但略显呆板，如果能为演示文稿中的对象加入一定的动画效果，幻灯片的放映效果就会更加生动精彩，不仅可增加演示文稿的趣味性，还可吸引观众的眼球。

案例目标

- 掌握幻灯片的动画设置。
- 掌握幻灯片的切换方式。
- 掌握利用超链接和动作设置改变幻灯片的播放顺序。

实施过程

1. 让幻灯片中的对象动起来

（1）为标题幻灯片中的对象添加动画效果

① 选中幻灯片 1 中的标题占位符。

② 选择"动画"→"动画"组，在其列表中，选择的"进入"动画中的"浮入"动画效果，如图 6-28 所示。

图 6-28 选择"浮入"动画效果

③ 选中幻灯片 1 中的副标题占位符。

④ 再选择"飞入"动画效果。

⑤ 设置两个动画的自动播放，具体操作如下：

a. 选中标题占位符，在"动画"→"计时"组中，将"开始"设置为"上一动画之后"。

b. 将"持续时间"选项设置为"01.50"。

c. 选中副标题占位符，将"开始"选项设置为"上一动画之后"。

d. 将"持续时间"设置为"01.00"。

⑥ 单击"幻灯片放映"按钮🖵或选择"动画"→"预览"→"预览"命令，观看幻灯片动画效果。

（2）为内容幻灯片添加动画效果

① 选中幻灯片 2 中的"春思"。

② 选择"动画"→"动画"→"更多进入效果"命令，弹出"更改进入效果"对话框，如图 6-29 所示。

③ 选择"华丽型"分组中的"飞旋"动画效果。

④ 单击"确定"按钮。

⑤ 选中图片，将其进入动画效果设置为"缩放"。

⑥ 选择"动画"→"动画"→"效果选项"命令，将"消失点"设置为"幻灯片中心"。在"计时"组中，将"开始"设置为"上一动画之后"，"持续时间"设置为"01.00"。

⑦ 选中图片，选择"动画"→"高级动画"→"添加动画"命令，添加退出动画效果"消失"。在"计时"组中，将"开始"选项设置为"上一动画之后"，持续时间设置为"01.00"。

⑧ 为诗句添加一个"进入"动画效果，如"淡出"。

⑨ 更改动画顺序，将图片退出动画调整到诗句进入动画之后，选择"动画"→"高级动画"→"动画窗格"命令，弹出动画窗格，如图 6-30 所示。选中"内容占位符动画"选项，单击"对动画重新排序"中的向上按钮，将其调整到图片 3 退出动画之前，单击"播放"按钮可以预览动画效果。

图 6-29　"更改进入效果"对话框　　　　　图 6-30　动画窗格

⑩ 按以上步骤为其他幻灯片的对象添加适当动画。

注意：动画是非常有趣的，但过多的动画反而会造成适得其反的效果，建议谨慎使用动画和声音效果，因为过多的动画会分散注意力。

2. 让幻灯片动起来

在"切换"→"切换到此幻灯片"列表中选择一种切换方式，如"棋盘"，可以为每张幻灯片设置切换方式。如果单击"计时"组中的"全部应用"按钮，则会将这种切换方式应用于本演示文稿的所有幻灯片。

3. 制作"选择题"幻灯片

观看古诗欣赏的演示文稿，可学习有关古诗词的知识，这里列出几个选择题进行测试。

① 在"幻灯片普通视图"左侧的大纲视图中单击第五张幻灯片。

② 选择"开始"→"幻灯片"→"新建幻灯片"命令，选择"标题和内容"幻灯片样式，添加一张新幻灯片。

③ 在标题中输入"单选题"，调整占位符大小和位置，内容占位符中输入《春思》的作者是"，添加 4 个文本框，分别输入 4 个选项，如图 6-31 所示。

④ 选择"插入"→"插图"→"形状"→"椭圆形标注"命令，显示答案提示。

⑤ 选中刚才添加的"椭圆形标注"，在出现的"绘图工具"|"格式"选项卡中，分别设置其"形状填充""形状轮廓"和"形状效果"选项，右击此图形，在弹出的菜单中选择"编辑文字"命令，在文本框中输入文字提示"答对了！不错哦！"，并通过"文字填充"选项设置文字颜色，效果如图 6-32 所示。

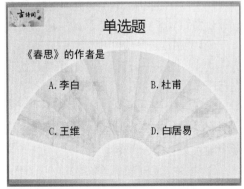

图 6-31　"单选题"幻灯片

⑥ 按住【Ctrl】键，拖动此形状，进行复制，并编辑错误答案旁边的提示，设置完成后的效果如图 6-33 所示。

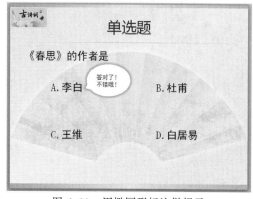

图 6-32　用椭圆形标注做提示

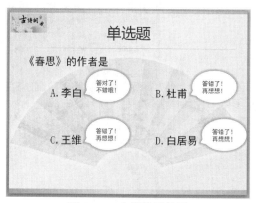

图 6-33　全部提示效果

⑦ 选中左上角的椭圆形标注，选择"动画"→"飞入"效果，设置"持续时间"为"01.00"。选择"高级动画"→"触发"命令，选择"单击"→"TextBox11"选项，然后单击"动画窗格"按钮，在出现的动画窗格中右击此动画，在弹出的菜单中选择"效果选项"命令，弹出"飞入"对话框，设置"动画播放后"选项为"下次单击后隐藏"，如图 6-34所示。

⑧ 其他形状按以上步骤设置，只是触发的对象不同，错误答案的提示设置为"播放动画后隐藏"，完成第一张选择题幻灯片的制作。

图 6-34　"飞入"对话框

> **注意：**如果还需要制作一张选择题幻灯片，因为这张幻灯片和上一张幻灯片类似，可以选择"开始"→"幻灯片"→"新建幻灯片"→"复制所选幻灯片"命令，即插入一张和所选幻灯片一模一样的幻灯片，再去修改其中的内容和对象。

4. 加入目录页，设置超链接

PowerPoint 2010 演示文稿的放映顺序是从前向后播放的，如果要控制幻灯片的播放顺序就需要进行动作设置。

（1）制作目录幻灯片

① 选中第一张幻灯片，选择"开始"→"幻灯片"→"新建幻灯片"→"仅标题"命令，在标题占位符中输入"目录"。

② 选择"插入"→"插图"→"形状"命令，插入一个"圆角矩形"，分别设置"形状填充""形状轮廓"和"形状效果"选项。右击此图形，在弹出的菜单中选择"编辑文字"命令，在图形中输入文字提示"春思"。

③ 按住【Ctrl】键，拖动此形状，进行复制，复制出 4 个相同的形状，并编辑文字。

④ 将第一个矩形和第四个矩形的位置定好后，按住【Shift】键，同时选中 4 个矩形，选择"绘图工具"|"格式"→"排列"→"对齐"→"纵向分布"命令，让 4 个矩形排列成图 6-35

所示的效果。

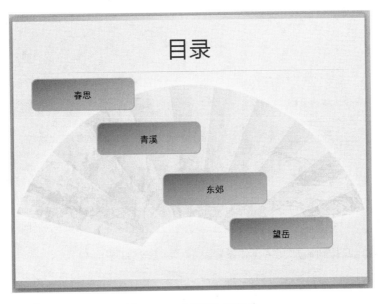

图 6-35　"目录"幻灯片

⑤ 选中第一个矩形，选择"插入"→"链接"→"超链接"命令，弹出"插入超链接"对话框，选择"本文档中的位置"，然后在"请选择文档中的位置"列表框中选择"春思"，如图 6-36 所示，单击"确定"按钮。

图 6-36　"插入超链接"对话框

⑥ 分别选中其他矩形，按上述方法操作，将它们链接到相应的幻灯片，设置完超链接后切换到幻灯片放映视图，鼠标指针指向这些矩形时，会显示为链接形鼠标形状，单击矩形即会跳转到相应的幻灯片。

（2）为内容幻灯片添加"返回"按钮

① 选中"春思"幻灯片。

② 选择"插入"→"插图"→"形状"→"动作按钮"→"自定义"命令，将其添加在幻灯片左下角，弹出"动作设置"对话框，如图 6-37 所示，选择"超链接到"单选按钮，在其下拉列表中选中"幻灯片…"选项，弹出"超链接到幻灯片"对话框，如图 6-38 所示，在"幻灯

片标题"列表框中选择"目录"幻灯片，单击"确定"按钮。

图 6-37   "动作设置"对话框

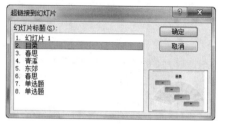

图 6-38   "超链接到幻灯片"对话框

③ 给这个自定义按钮添加文字，并设置其形状，效果如图 6-39 所示。

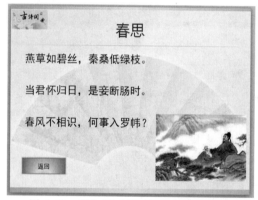

图 6-39   添加了"返回"按钮的幻灯片

④ 选中此按钮，分别复制到后面的幻灯片中。

5. 加入 Flash 动画

① 首先将需要插入的动画文件和演示文稿放在同一个文件夹内。

② 观察 Powerpoint 2010 中是否有"开发工具"选项卡，如果有，请省略下面一步，如果没有，请继续下一步。

③ 选择"文件"→"选项"命令，弹出"PowerPoint 选项"对话框。

④ 在左边的列表框中选择"自定义功能区"选项，在"自定义功能区"下拉列表中选中"主选项卡"选项，选中"开发工具"复选框，如图 6-40 所示，单击"确定"按钮。

⑤ 选中最后一张幻灯片，选择"开始"→"幻灯片"→"新建幻灯片"命令，插入一张"空白"幻灯片。

⑥ 选择"开发工具"→"控件"→"其他控件"命令，如图 6-41 所示，弹出"其他控件"对话框，如图 6-42 所示。

图 6-40　"PowerPoint 选项"对话框

图 6-41　"开发工具"选项卡

⑦ 选中"Shockwave Flash Object"选项，单击"确认"按钮，此时鼠标指针变成十字形状，在合适的位置画出想要的大小，如图 6-43 所示。

图 6-42　"其他控件"对话框

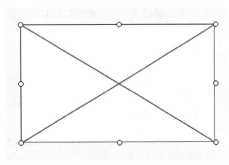

图 6-43　添加的 Flash 对象

⑧ 在控件上右击，在弹出的菜单中选择"属性"命令，弹出"属性"对话框，如图 6-44 所示，在"movie"选项后面填上 Flash 文件的文件名（该文件名一定要包括扩展名，如"gsxs.swf"），最后将"playing"选项设置为"True"。

⑨ 此时可看到控件的预览图，Flash 文件的插入和设置工作即已完成，如果需要，还可以调

整一下控件的大小和位置。

全部制作完成后，"古诗欣赏"演示文稿的最终效果如图 6-45 所示。

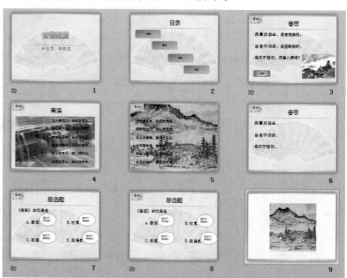

图 6-44　"属性"对话框　　　　图 6-45　"古诗欣赏"演示文稿的最终效果

知识链接

1. 创建自定义动画效果

为幻灯片上的文本、图片等对象加入一定的动画效果，不仅可以增加演示文稿的趣味性，而且还可以吸引观众的注意力。

PowerPoint 2010 的自定义动画效果可分为 4 类，即进入动画、强调动画、退出动画和动作路径动画。

进入动画可以使对象逐渐淡入、从边缘飞入幻灯片或者跳入视图中。

强调动画包括使对象缩小或放大、更改颜色或沿其中心旋转等效果。

退出动画包括使对象飞出幻灯片、从视图中消失或者从幻灯片旋出等效果。

动作路径动画可以使对象上下移动、左右移动或者沿着星形或圆形图案移动，也可绘制自己的动作路径。

（1）添加动画效果

① 单击幻灯片上要添加动画效果的对象，然后单击"动画"→"添加动画"命令，便会弹出可用动画效果的列表；

② 在"动画"列表中移动鼠标指针可以预览动画效果，也可以单击"更多……效果"按钮，以查看整个动画库。

③ 如果想更改动画方向或者更改一组对象的动画方式等，可单击"效果选项"按钮进行设置。

④ 单击"预览"按钮可以查看动画的真实效果。

（2）对单个对象添加多个动画效果

有时我们会希望一个对象具有多个效果，比如使其飞入，随后淡出。在这种情况下可以使用动画窗格，它可以帮助我们查看效果的顺序和计时。选择"动画"→"高级动画"→"动画窗格"命令即可打开动画窗格。

① 在幻灯片上，选择要使其具有多个动画效果的文本或对象。

② 选择"动画"→"高级动画"→"添加动画"命令，单击需要添加的效果即可。

使用动画窗格可以精心设计效果，如在列表中上下移动动画以更改播放顺序；选择一种效果并右击可以更改计时和其他效果选项；单击"播放"按钮可以查看动画效果。可以单独使用任何一种动画，也可以将多个效果组合在一起。例如，可以对一行文本应用"飞入"进入效果和"放大/缩小"强调效果，使它在飞入的同时逐渐放大。单击"添加动画"以添加效果，然后将该动画的"开始"设置为"与上一动画同时"发生。

（3）删除动画效果

① 单击具有过多效果的对象，所有属于该对象的效果将显示在动画窗格中。

② 在动画窗格中，选中要删除的效果，单击右边的箭头，在弹出的菜单中选择"删除"命令，即可删除相应的动画效果。

（4）删除一个对象的所有动画效果

① 选中要删除动画效果的对象。

② 在"动画"组中选择"无"选项。

（5）删除一张幻灯片中的所有动画效果

① 在动画窗格中，单击列表中的第一个效果，然后按住【Shift】键并单击列表中的最后一个效果，即可选中该幻灯片中所有的动画效果。

② 在"动画"组中选择"无"选项。

2. 幻灯片切换

幻灯片切换效果是在演示文稿播放时从一张幻灯片移到下一张幻灯片时在"幻灯片放映"视图中出现的动画效果。用户可以控制切换效果的速度，添加声音，甚至还可以对切换效果的属性进行自定义。

（1）向幻灯片添加切换效果

① 在幻灯片普通视图中，选择"幻灯片"选项卡。

② 选中要向其应用切换效果的幻灯片。

③ 在"切换"→"切换到此幻灯片"组中单击要应用于该幻灯片的幻灯片切换效果。

（2）设置切换效果的计时

① 若要设置上一张幻灯片与当前幻灯片之间的切换效果的持续时间，可执行下列操作：在"切换"→"计时"组的"持续时间"组合框中输入或选择所需的速度。

② 若要指定当前幻灯片在多长时间后切换到下一张幻灯片，可采用下列操作之一：

a. 若要在单击鼠标时切换幻灯片，可在"切换"→"计时"组中选择"单击鼠标时"复选框。

b. 若要在经过指定时间后切换幻灯片，可在"切换"→"计时"组中选择"设置自动换片时间"复选框，并在后面的组合框中输入所需的秒数。

（3）向幻灯片切换效果添加声音

① 在幻灯片普通视图中选择"幻灯片"选项卡。

② 选中要向其添加声音的幻灯片。

③ 选择"切换"→"计时"→"声音"下拉按钮，然后执行下列操作之一：

a. 若要添加列表中的声音，请选择所需的声音。

b. 若要添加列表中没有的声音，选择"其他声音"命令，找到要添加的声音文件，然后单击"确定"按钮。

提示： 如果要将演示文稿中的所有幻灯片应用相同的幻灯片切换效果，可选择"切换"→"计时"→"全部应用"命令。

3. 动作设置和超链接

PowerPoint 2010 可以为幻灯片中的对象（如文本、图片或按钮形状等）设置动作或添加超链接，如移动到下一张幻灯片、移动到上一张幻灯片、转到放映的最后一张幻灯片或者转到网页或其他 Microsoft Office 演示文稿或文件等。设置的具体操作步骤如下：

① 选择"视图"→"演示文稿视图"→"普通视图"命令。

② 选中要设置动作的对象。

③ 选择"插入"→"链接"→"动作"命令。

④ 弹出"动作设置"对话框，选择"单击鼠标"选项卡或"鼠标移过"选项卡。

⑤ 若选择在单击或将指针移过图片、剪贴画或按钮形状时发生的动作，可执行下列操作之一：

a. 若使用不带动作的图片、剪贴画或按钮形状，应选择"无动作"单选按钮。

b. 若创建超链接，应选择"超链接到"单选按钮，然后选择超链接的目标。

c. 若运行某个程序，应选择"运行程序"单选按钮，然后单击"浏览"按钮并找到要运行的程序。

d. 若运行宏，应选择"运行宏"单选按钮，然后选择要运行的宏。只有当演示文稿包含宏时，"运行宏"选项才可用。在保存含有宏的演示文稿时，必须保存为"启用宏的 PowerPoint 放映"类型。

e. 如果希望被选为动作按钮的图片、剪贴画或按钮形状执行某个动作，应选择"对象动作"单选按钮，然后选择想让它执行的动作。

f. 若播放声音，应选择"播放声音"复选框，然后选择要播放的声音。

⑥ 单击"确定"按钮。

本 章 小 结

本章主要是对 PowerPoint 2010 的基本应用和操作进行介绍，涉及的知识几乎可以覆盖 PowerPoint 2010 的大部分知识点，包括功能区的应用，对幻灯片的基本操作和美化，主题的选用与背景设置，动画设计、放映设计和切换效果等内容。虽然每个知识点介绍得不是很深入，但已能为读者学习 PowerPoint 2010 打下坚实的基础。

第7章 | 常用工具软件

【知识目标】

- 了解图片的基本理论知识。
- 了解视频的基本理论知识。

【技能目标】

- 对计算机图片进行简单的应用和处理。
- 了解多媒体播放工具原理，熟悉使用多媒体播放工具。
- 掌握防毒软件的使用。

随着计算机的普及，计算机科学技术日新月异，计算机已经和人们的生活息息相关，对计算机的应用要求已不再局限于办公应用和数据管理，而是拓展到生活、娱乐、购物、学习等各个领域。更多领域的应用就需要工具软件的协助，本章介绍 3 种简单而常用实用工具软件的基本用法。

7.1 图片处理工具——ACDSee

ACDSee是由美国ACD System公司推出的一款功能强大的图片浏览工具。从面世以来，ACDSee以极快的浏览速度深受众多计算机用户的欢迎，成为图片浏览的必备工具之一。现在的ACDSee，不仅能用于浏览各种图片，还提供了对音频和视频文件的一定程度的支持。本节以 ACDSee 10 为基础讲解图片处理软件的使用。

7.1.1 启动 ACDSee

安装好 ACDSee 后，可以通过桌面上的快捷方式或通过选择"开始"→"所有程序"→"ACD Systems" →"ACDSee"命令启动。启动后的界面为预览方式，如图 7-1 所示。如果在 Windows 下双击已和 ACDSee 建立关联的图片文件图标，则以图片方式启动 ACDSee并显示图片内容。

图 7-1　ACDSee 10 程序窗口

7.1.2 浏览图片

可以使用 ACDSee 的不同模式浏览图片。直接双击图片，即可使用 ACDSee 快速查看器查看图片，如图 7-2 所示。ACDSee 不仅提供了翻转、放大、缩小等基本功能，还提供了调节亮度、色阶、阴影等高级功能。

图 7-2　快速查看模式

在快速查看模式下双击图片，或是单击窗口右上角的"关闭"按钮，即可返回 ACDSee 完整查看模式，如图 7-3 所示。

图 7-3　完整查看模式

在此模式下，ACDSee 提供了浏览图片的所有功能，可以通过左上角的"文件夹"窗格来同时选择多个文件夹（见图 7-4），使文件夹内的照片同时在浏览区域显示，免除了切换目录的麻烦。

ACDSee 支持的几种最常见的图形图像文件格式如下：

（1）BMP（Bitmap）格式

BMP 是一种与设备无关的图像文件格式，其文件扩展名为.bmp。BMP 是 Windows 所用的基本位图格式，Windows 软件的图像资源大多以 BMP 格式存储。多数图形图像软件，特别是 Windows 环境下运行的软件，都支持这种格式。BMP 文件所占用的存储空间较大。

图 7-4　"文件夹"窗格

（2）GIF（Graphics Interchange Format）格式

GIF 是由 CompuServe 公司在 1987 年为了制定彩色图像传输协议而开发的，文件扩展名为.gif。在一个 GIF 文件中可以存放多幅彩色图像，如果把一个文件中的多幅图像数据逐幅读出并显示到屏幕上，就可以构成一种最简单的动画。GIF 适用于表现一些网络上的小图片，如 Logo 等。

（3）JPEG/JPG（Joint Photographic Experts Group）格式

JPEG 是联合图像专家组制定的第一个压缩静态数字图像国际标准，JPEG 格式的扩展名为.jpg。以 JPEG 格式存储的文件是其他类型图像文件的几十分之一，是目前比较流行的一种图像格式。

（4）TIFF/TIF（Tagged Image File Format）格式

TIFF 是标记图像文件格式的缩写，文件扩展名为.tif 或.tiff。TIFF 格式是为了存储黑白图像、灰度图像和彩色图像而定义的存储格式，现在已经成为出版多媒体 CD-ROM 的一个重要文件格式，在 Macintosh 系统和 Windows 系统中移植 TIFF 文件非常便捷。

（5）SWF（Shockwave Format）格式

SWF 格式是利用 Flash 制作出的一种动画格式，其文件扩展名为.swf。这种格式的动画图像能够用比较小的体积来表现丰富的多媒体形式。目前，已成为网上动画的事实标准。

（6）PSD（Photoshop Document）格式

PSD 格式是 Adobe 公司的图像处理软件 Photoshop 的专用格式，其文件扩展名为.psd。PSD 文件格式专用性较强，一般作为一种过渡文件格式使用。

（7）TGA（Tagged Graphics）格式

TGA 格式是由 Truevision 公司为其显卡开发的一种图像文件格式，其文件扩展名为.tga。TGA 容易与其他格式的文件互相转换，属于一种图形、图像数据的通用格式。

（8）CDR 格式

CDR 格式是 Corel 公司开发的图形图像软件 CorelDraw 的专用图形文件格式，其文件扩展名为.cdr。CDR 格式在兼容性上较差，只能在 CorelDraw 应用程序中使用。

7.1.3　数码照片和图片的导入

照片拍摄完成后需导入到计算机中才能浏览，ACDSee 提供了导入图片的功能。

运行 ACDSee，然后选择"文件"→"获取相片"→"从相机或读卡器"命令，弹出"获取相片向导"对话框，单击"下一步"按钮，选中想要导出图片的存储设备，然后单击"下一步"按钮，弹出图 7-5 所示的对话框。

选中要导入的图片，也可以直接单击"全部选择"按钮来选择全部的图片，然后单击"下一步"按钮，弹出图 7-6 所示的对话框。这里可以选择使用模板重命名导入的文件名，单击"编辑"按钮，弹出"编辑文件名模板"对话框，如图 7-7 所示，可输入模板名称并进行高级设置。

图 7-5　"获取相片向导"对话框

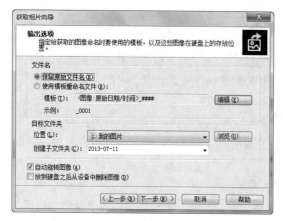

图7-6　"输出选项"对话框

图7-7　"编辑文件名模板"对话框

单击"确定"按钮，导入的文件即按模板设置的方式进行重命名，为以后管理图片提供了方便。

7.1.4　图片的编辑

拍摄照片时，总会有一些照片拍的不尽人意；此外，有时还需要对图片进行一些简单的处理，这时，就可以使用 ACDSee 自带的编辑功能对图片进行处理。

ACDSee 提供了曝光、阴影/高光、色彩、红眼消除、相片修复、清晰度等基本的编辑功能，操作非常简单，打开 ACDSee 的编辑模式，然后选择左侧的编辑功能，即可在弹出的编辑面板中对照片进行编辑。

这里以阴影/高光为例介绍 ACDSee 的编辑功能。

右击图片，选择"编辑"命令，进入编辑模式，单击"阴影/高光"按钮，弹出"阴影/高光"编辑面板，分别拖动调亮与调暗滑块，就可以在右侧的预览窗格看到对应的颜色变化，如图 7-8 所示。如果对当前编辑的效果不理想，单击"重设"按钮，即可自动恢复到图片被编辑前的状态。

图7-8　编辑图片的"阴影/高光"属性

编辑模式下还有很多其他编辑工具，如裁剪、调整大小、旋转、翻转、曝光、添加文本、红眼消除等，这些工具的操作方法大体是相同的，在此不再赘述。

7.1.5　转换图片格式

利用 ACDSee 可以很方便地进行图片文件格式之间的转换。进行格式转换的方法如下：

① 选中想要转换的文件。

② 选择"工具"→"转换文件格式"命令。

③ 弹出"批量转换文件格式"对话框中，如图 7-9 所示，选择想要转换的格式。

④ 单击"下一步"按钮，按提示操作即可完成转换。

另外一种进行格式转换的方法是：双击想要转换的图片，进入快速查看模式，然后选择"文件"→"另存为"命令，在弹出的"图像另存为"对话框中设置文件保存类型和文件名等，然后单击"保存"按钮。

图 7-9　"批量转换文件图像格式"对话框

7.1.6　将图片设为桌面背景

利用 ACDSee 可以很方便地将自己喜爱的图片设为桌面背景。这种操作在预览和图片方式下都能进行。设置方法是：选中想设为桌面背景的图片文件，然后选择"工具"→"设置壁纸"→"平铺"（或"居中"）命令即可。

7.1.7　屏幕截图

ACDSee 虽然不是专业的截图软件，但截取桌面、窗口或选中的区域还是比较方便的。操作方法是：选择"工具"→"屏幕截图"命令，弹出"屏幕截图"对话框，如图 7-10 所示，按需要选择截图类型，然后单击"开始"按钮，按提示操作即可。

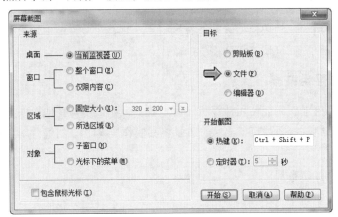

图 7-10　"屏幕截图"对话框

7.1.8　管理图片

如果有大量的图片，查找某个图片时就不会很方便，ACDSee 提供了强大的图片管理功能，可以让用户方便、快速地找到自己需要的图片。

例如，可以按图片的属性查找照片，但前提是已经为图片添加了相关属性，如标题、日期、作者、评级、备注、关键词及类别等。设置这些属性的方法是：在图片上右击，在弹出的菜单中选择"属性"命令，ACDSee 窗口右侧会弹出"属性"窗格，如图 7-11 所示，填写相关属性即可。

通过设置，即可通过浏览区域顶部的过滤方式、组合方式或是排序方式来查找图片。假设要找一张"评级"属性为"5"的图片，可以选择"评级方式"→"所有评级"命令，ACDSee 就会按照评级对图片进行排序，如图 7-12 所示，即可快捷找到需要的图片。

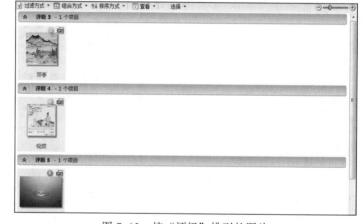

图 7-11　"属性"窗格　　　　　图 7-12　按"评级"排列的图片

另外，也可以使用顶部的快速搜索功能查找图片。只要在搜索框中输入要搜索的关键字，单击"快速搜索"按钮，同样可快速找到需要的图片。

7.1.9　图片的保存与共享

图片保存在计算机上，只能使用计算机才可以欣赏，如果要与其他人一起分享拍摄的照片或者搜集的图片，可以把这些图片打印出来，或是将其制作成 VCD、幻灯片等，这样更加便于浏览图片。

1. 多种形式的打印布局

虽然 Windows 也提供了打印功能，但也只能在一张纸上打印一张照片，这样既浪费纸张也不美观。ACDSee 提供了多种形式的打印布局，允许用户在一张纸上按多种形式进行打印，使打印结果更满足需要。

选中想要打印的图片，选择"文件"→"打印"命令，弹出"ACDSee-打印"对话框，如图 7-13 所示。在此对话框中，可以在左上角选择打印布局，如整页、联系页或布局等，接着在下面选择布局的样式，同时可以在中间的预览窗口实时看到最终的打印结果预览图，在右侧设置好打印机、纸张大小、方向、打印份数、分辨率及滤镜等。设置完成后单击"打印"按钮，即可按设置将图片打印输出。

图 7-13　"ACDSee-打印"对话框

2. 创建幻灯片

可以把自己的照片制作成幻灯片，这样就可以一边欣赏音乐一边欣赏自动播放的照片。

① 选择"创建"→"创建幻灯放映文件"命令，弹出"创建幻灯放映向导"对话框，如图 7-14 所示。在此对话框中选择要创建的文件格式，如独立放映的 EXE 文件格式、屏幕保护的 SCR 文件格式或 Flash 格式文件，然后单击"下一步"按钮。

② 弹出图 7-15 所示的对话框，然后添加要制作幻灯片的图片，单击"下一步"按钮。

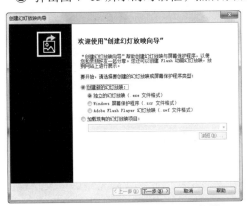 

图 7-14　"创建幻灯放映向导"对话框　　　图 7-15　选择要制作幻灯片的图片

③ 弹出图 7-16 所示的对话框，设置幻灯片的转场、标题及音乐等，单击"下一步"按钮。

④ 弹出图 7-17 所示的对话框，对幻灯片放映选项进行设置，设置完毕后单击"下一步"按钮。

⑤ 弹出图 7-18 所示的对话框，设置幻灯片的保存位置，然后单击"下一步"按钮。

⑥ 弹出图 7-19 所示的对话框，可以单击"启动幻灯放映"按钮立即放映幻灯片，或者单击"将幻灯放映刻录到光盘"按钮将幻灯片刻录到光盘中，或者直接单击"完成"按钮完成幻灯片的创建。

另外，ACDSee 还可以把各种图片制作成 HTML 相册、PDF 文件及文件联系表等，这样就可以把图片制作成形式多样、丰富多彩的相册或视频文件，与其他人一起分享。

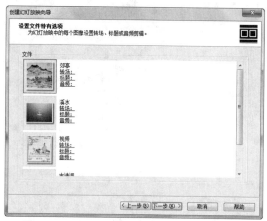

图 7-16　设置幻灯片的转场、标题和音乐等

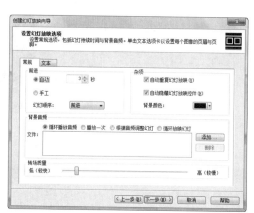

图 7-17　设置幻灯片放映选项

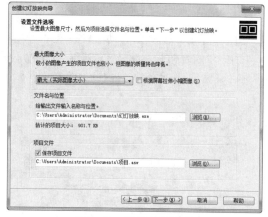

图 7-18　设置文件选项

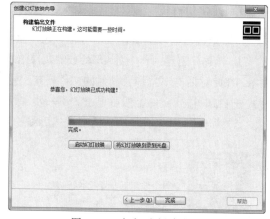

图 7-19　幻灯片创建完成

7.2　RealPlayer 多媒体播放工具

视频是多媒体中一种重要的媒体形式，通过计算机观看电影、欣赏音乐 MTV，以及收看在线电视等都已成为人们重要的休闲和娱乐方式。

视频媒体的播放软件种类繁多，但每种播放工具支持的视频格式却不尽相同。因此，选择一种支持视频格式多、播放效果好、界面简洁美观且操作方便的播放软件是我们所关心的。

7.2.1　RealPlayer 概述

RealPlayer 是一个在 Internet 上通过流技术实现音频和视频的实时传输的在线收听工具软件，

使用它不必下载音频/视频内容，只要线路允许，就能完全实现网络在线播放，极为方便地在网上查找和收听、收看自己感兴趣的广播和电视节目。

Real 包括音频 real audio 和视频 real video 两类。Real 格式的文件扩展名有 AU、RA、RM、RAM、RMI。AU、RA、RM 文件是真正存储数据的文件；AU 格式的文件是音频的，RA、RM 格式的文件既有音频，也有视频；RAM、RMI 文件通常应用在网页中，它是一个文本文件，其中包含 RA 或 RM 文件的路径，单击其链接后会启动 RealPlayer 来播放 RA 或 RM 文件。

要使用 RealPlayer 播放器软件，用户可自行到 RealNetworks 公司的网站下载并安装全新一代的多媒体播放器软件 RealPlayer。

RealPlayer 可以分享、转换和下载视频，还可以和 iTunes 协同工作，将成百上千个网站中喜欢的视频传输到媒体库中。在已连接网络的情况下，可以使用户获得高清接近 DVD 画质的音视频享受。RealPlayer 是一款非常通用的播放器，所有的主流格式都能完美支持，包括 RM/RMVB、Flash、QuickTime、MPEG4、Windows Media 和 CD 等，并且支持几乎所有主流音频格式，如 CD、MP3、WMA、AAC、Real 无损音频，以及更多。其内置的网页浏览器可以使用户在因特网上尽情地冲浪，播放视频剪辑，收听音乐节目。

7.2.2 常见的视频格式

（1）RM 文件格式

RM 文件是 RealNetworks 公司开发的一种新型流式视频文件格式，主要用来在低速率的广域网上实时传输活动视频影像，可以根据网络数据传输速率的不同而采用不同的压缩比率，从而实现影像数据的实时传送和实时播放。RM 文件除了可以普通的视频文件形式播放之外，还可与 RealServer 服务器相配合，在数据传输过程中边下载边播放视频影像，而不必像大多数视频文件那样，必须先下载然后才能播放。

（2）AVI 文件格式

AVI 是音频视频交错（Audio Video Interleaved）的英文缩写，它是 Microsoft 公司开发的数字音频与视频文件格式，现在已被 Windows、OS/2 等多数操作系统直接支持。AVI 格式允许视频和音频交错在一起同步播放，用不同压缩算法生成的 AVI 文件，必须使用相应的解压缩算法才能播放出来。AVI 文件目前主要应用在多媒体光盘上，用来保存电影、电视等各种影像信息，有时也出现在 Internet 上，供用户下载、欣赏新影片的精彩片断。

（3）MPEG 文件格式

MPEG 文件格式是运动图像压缩算法的国际标准，它采用有损压缩方法减少运动图像中的冗余信息，同时保证每秒 30 帧的图像动态刷新率，已被几乎所有的计算机平台共同支持。MPEG 的平均压缩比为 50∶1，最高可达 200∶1，压缩效率非常高，同时图像和声音的质量也非常好，并且在微机上有统一的标准格式，兼容性相当好。

（4）MOV/QT 文件格式

MOV/QT 文件是 Apple 计算机公司开发的一种音频、视频文件格式，用于保存音频和视频信息，具有先进的视频和音频功能，被所有主流计算机平台支持。MOV/QT 以其领先的多媒体技术和跨平台特性、较小的存储空间要求、技术细节的独立性以及系统的高度开放性，得到业界的广泛认可，目前已成为数字媒体软件技术领域的事实上的工业标准。

7.2.3 RealPlayer 播放器的工作界面

启动 RealPlayer 播放器后，出现图 7-20 所示的工作主界面。

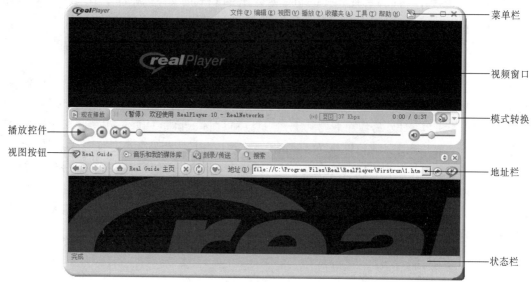

图 7-20　RealPlayer 主界面

RealPlayer 工作主界面的上半部分是播放器窗口界面，下半部分提供了一个多功能窗口，通过单击界面下边的各功能按钮，用户可依次切换到 "RealGuide" "音乐和我的媒体库" 窗口、"刻录/传送" 和 "搜索" 等窗口。用户也可使用 "视图" 菜单下的 "视图切换" 命令切换到所需窗口。单击图 7-20 所示的工作界面右下角的 "隐藏媒体浏览器" 按钮，工作主窗口变小，如图 7-21 所示，此时 "隐藏媒体浏览器" 按钮变成 "显示媒体浏览器" 按钮。

拖动播放器窗口界面下方的调整按钮，可设计视频窗口的大小。

图 7-21　"RealPlayer" 简易工作窗口

7.2.4 RealPlayer 播放器的使用

使用 RealPlayer 播放器可以播放多种形式的影音文件，包括本地文件、CD 唱片和网络视频等。

1. 播放本地文件

使用 RealPlayer 播放本地的影音文件十分简单，首先运行 RealPlayer，选择 "文件" → "打开" 命令，弹出 "打开" 对话框，通过浏览可选择单个或多个影音文件，然后等待播放。如果连续播放，可把要播放的多个文件放到一个文件夹中，选择它们并拖到 RealPlayer 的显示面板中，即可以实现多个文件的播放。也可打开多个影音文件后，在播放时选择"播放"→"连续播放"命令，设置影音文件的连续播放。

在播放影音文件时，单击"播放控件"上方的"播放"按钮，RealPlayer 打开"现在播放"窗格，如图 7-22 所示。

图 7-22　含有"现在播放"窗格的 RealPlayer 工作界面

在"现在播放"窗格下方有 4 个控件按钮，它们分别是"将剪辑添加至当前播放"按钮、"清除当前播放"按钮、"保存当前播放"按钮和"编辑"按钮。用户可使用这 4 个按钮进行相关的操作。

2．播放 CD

将 CD 唱片放入光驱后，RealPlayer 工作主窗口打开"音乐和我的媒体库"窗格。

使用"音乐和我的媒体库"窗格中的相关命令，可对 CD 进行相关操作，如获取 CD 信息、刻录 CD 等。

3．使用 RealPlayer 播放网络多媒体影音

下面以 RealPlayer 为例，介绍在线欣赏网络多媒体的方法步骤。

（1）设置 RealPlayer

① 运行 RealPlayer，选择"工具"→"首选项"命令，弹出"首选项"对话框，如图 7-23 所示。

② 在"首选项"对话框"类型"列表框中，单击"内容"左边的"+"号，在弹出列表中选中"媒体类型"选项，打开媒体类型列表框。

③ 选中媒体类型列表中希望由 RealPlayer 默认打开的媒体文件类型，单击"确定"按钮，完成文件关联设置。

（2）系统设置

对于普通用户，RealPlayer 的默认设置足够观看视频文件的要求。但是，对 RealPlayer 的系统进行设置，可以优化其播放功能，更好地发挥其功效。单击"首选项"对话框中的"连接"选项，界面如图 7-24 所示。

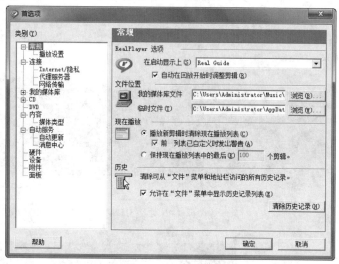

图 7-23　"首选项"对话框

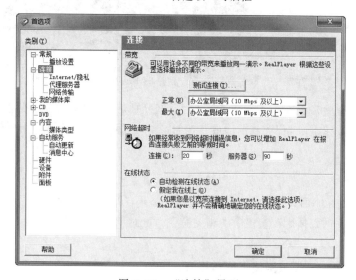

图 7-24　"连接"界面

图 7-24 所示的是一个重要的连接配置面板，用户可以从中进行网络连接属性配置，为 RealPlayer 设置好代理服务器、网络传输等，使其能更好地在线实时播放或下载视频文件。

（3）使用 RealPlayer 实现在线影音欣赏

用拖动的方法播放视音频文件。打开指定的存放视音频文件的文件夹，只要将待播的视音频文件直接拖动到 RealPlayer 的界面窗口上，然后释放鼠标，则 RealPlayer 就会立即播放相应的视音频文件。

对于在网络中搜索到的视频或歌曲，将相应视频或歌曲的链接直接拖动到 RealPlayer 的界面窗口上，也会立即在线播放对应的视频或歌曲，如图 7-25 所示。

利用 Realplayer 不仅可以播放本机上的音频和视频文件，还可以利用"Real 服务"播放并保存来自 Internet 或 CD 上的许多内容，而且这些资源很多都是免费的。"Real 服务"的网址为 http://guide.cn.real.com。已内置在 Realplayer 中，使用起来非常方便。如果当前媒体浏览器没有打开，可以单击窗体右下角的"显示媒体浏览器"图标 ，系统会自动连接"Real 服务"主页。

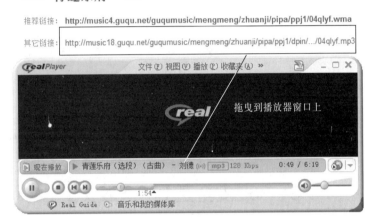

图 7-25　在线播放

在 Real Guide 选项卡中，用户可以了解互联网上最新的节目，且在 Real 服务上按照类型进行了详细分类，方便用户查找感兴趣的音乐、歌曲、MTV、游戏、电影杂志等网上资源。图 7-26 显示的是在线播放 MTV 的视频截图。

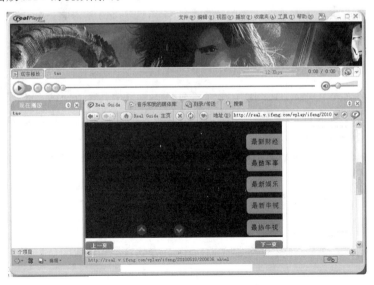

图 7-26　在线播放 MTV 视频

（4）在 RealPlayer 中管理自己的视频

有时需要利用 RealPlayer 连续播放多个文件，这时可以建立自己的媒体播放列表，每次在需要观看这些视频文件时，单击该播放列表即可。在 RealPlayer 中建立媒体播放列表的方法如下：

① 选择"文件"→"将文件添加至我的媒体库"命令，在弹出的对话框中选择要添加进列表的视频文件。

② 选择"文件"→"新建"→"新建播放列表"命令，为列表取一个易于识别的名字，如"我的最爱"。

③ 在媒体浏览器窗口中选择"我的媒体库"，则前面添加的视频文件出现在列表中。

④ 在要添加进播放列表的文件上右击，选择"复制到"→"播放列表"命令，如图 7-27 所示。

⑤ 在弹出的对话框中选择"我的最爱"即可。

这样，每次在播放视频文件时，只须选择"任务"选项下"播放列表"中的"我的最爱"即为。

图 7-27　将视频文件添加进播放列表

7.3　360 安全卫士防病毒软件

7.3.1　360 超强查杀套装

360 超强查杀套装是 360 杀毒和 360 安全卫士的组合版本，是安全上网的"黄金组合"。360 杀毒主要功能是杀病毒，这里的病毒包括恶意插件、木马、网页病毒、文件感染病毒、宏病毒、脚本病毒等。360 安全卫士的主要功能有系统打补丁、清除恶意插件、木马查杀等。该套装不仅能利用 360 云查杀引擎杀掉网上新出现的未知木马，还具备 360 杀毒完整的病毒防护体系，达到双剑合璧、双重保险。

7.3.2　360 杀毒

360 杀毒是一款完全免费，无须激活的杀毒软件，可以从其官方网站（http://www.360.cn）进行下载。360 免费杀毒软件仅为 360 安全中心的安全产品套件之一，它无缝整合了国际知名的 BitDefender 病毒查杀引擎，以及 360 安全中心潜心研发的木马云查杀引擎。双引擎的机制拥有完善的病毒防护体系，不但查杀能力出色，而且对于新产生病毒木马能够第一时间进行防御，能为计算机提供全面保护。

1. 360 免费杀毒软件功能

360 免费杀毒软件领先双引擎，强力杀毒，其独有的可信程序数据库，能防止误杀；其快速升级功能，不仅能够获得最新防护，还能全面防御 U 盘病毒；其独有的免打扰模式更是计算机游戏者的最爱；其利用启发式分析技术，能第一时间拦截未知病毒。

2. 360 免费杀毒软件应用实例

下面主要介绍"360 免费杀毒软件"的使用。

（1）病毒查杀

在线安装"360 免费杀毒软件"后，双击桌面上的"360 杀毒"快捷图标，即打开图 7-28 所示的 360 杀毒主界面。

图 7-28 360 杀毒主界面

"病毒查杀"选项卡下分 3 项：快速扫描、全盘扫描和电脑门诊；其中快速扫描可扫描病毒、木马藏身的关键位置，精确查杀；全盘扫描对计算机的所有分区进行扫描；电脑门诊诊断电脑问题，疑难杂症，智能一键解决。单击"全盘扫描"按钮，将打开图 7-29 所示的杀毒界面。

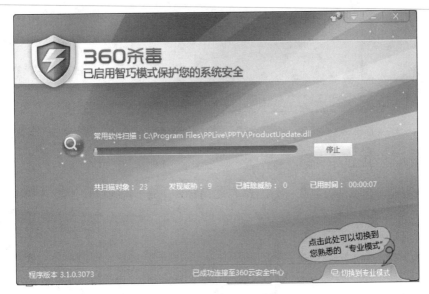

图 7-29 病毒查杀进程中

（2）实时防护

选择"实时防护"选项卡，如图 7-30 所示，根据需要用鼠标拖动滑块，可以选择实时防护的级别，推荐"中度防护"，然后单击右上角的"开启防护"按钮，启动实时防护功能。

图 7-30　"实时防护"设置界面

（3）产品升级

切换到"产品升级"选项卡，会弹出"产品升级"界面，单击"检查更新"按钮，可以对病毒库进行更新，如图 7-31 所示。

图 7-31　产品升级界面

7.3.3　360 安全卫士

360 安全卫士是当前功能较强、效果较好、受用户欢迎的上网安全软件之一，不但永久免费，还独家提供多款著名杀毒软件的免费版，可在 360 安全卫士的官方网站上免费下载当前的最高版本。

目前木马威胁之大已远超病毒，360 安全卫士运用云安全技术，在杀木马、打补丁、保护隐私，以及保护网银和游戏的账号密码安全等方面表现出色，被誉为"防范木马的第一选择"。360 安全卫士自身非常轻巧，查杀速度比传统的杀毒软件快数倍。同时还优化系统性能，可大大加快计算机的运行速度。

1. 电脑体检

体检功能可以全面检查计算机的各项状况，如图 7-32 所示。体检完成后会提交一份优化电脑的意见，用户可根据需要对计算机进行优化，也可便捷地选择一键优化。

体检可以快速全面地了解计算机，并且可提醒用户对计算机做一些必要的维护，如木马查杀、垃圾清理、漏洞修复等。定期体检可以有效地保持计算机的健康。

2．木马查杀

利用计算机程序漏洞侵入后窃取文件的程序被称为木马。木马查杀功能可以找出计算机中疑似木马的程序并在取得用户允许的情况下删除这些程序。

图 7-32　"电脑体检"界面

木马对计算机危害非常大，可能导致用户包括支付宝，网络银行在内的重要账户密码丢失。木马的存在还可能导致用户的隐私文件被复制或删除，所以及时查杀木马对安全上网来说十分重要。

进入木马查杀的界面后，可以选择"快速扫描""全盘扫描"和"自定义扫描"来检查计算机中是否存在木马程序，如图 7-33 所示。扫描结束后若出现疑似木马，则可选择删除或加入信任区。

图 7-33　"木马查杀"界面

3．漏洞修复

系统漏洞是指操作系统在逻辑设计上的缺陷或在编写时产生的错误。系统漏洞可以被不法者或者计算机黑客利用，通过植入木马、病毒等方式来攻击或控制整个计算机，从而窃取计算机中的重要资料和信息，甚至破坏系统。可单击右下方的"重新扫描"按钮查看是否有需要修补的漏洞，如图 7-34 所示。

图 7-34 "漏洞修复"界面

4. 系统修复

系统修复可以检查计算机中多个关键位置是否处于正常的状态。当遇到浏览器主页、"开始"菜单、桌面图标、文件夹、系统设置等出现异常时，使用系统修复功能，可以帮助用户找出问题出现的原因并修复问题，如图 7-35 所示。

图 7-35 "系统修复"界面

5. 电脑清理

垃圾文件是指系统工作时所过滤加载出的剩余数据文件，虽然每个垃圾文件所占系统资源并不多，但是长时间不清理，垃圾文件就会越来越多。垃圾文件长时间堆积会拖慢计算机的运行速度和上网速度，浪费硬盘空间。

用户可以选择"一键清理""清理垃圾""清理插件""清理痕迹""清理注册表"和"查找大文件"等完成特定的功能，如图 7-36 所示。

图 7-36　"电脑清理"界面

6. 优化加速

帮助用户全面优化计算机系统，提升计算机速度，更有专业贴心的人工服务，如图 7-37 所示。

图 7-37　"优化加速"界面

7. 电脑门诊

电脑门诊是集成了"上网异常""系统图标""系统性能""游戏环境""常用软件"和"系统综合"六大系统常见故障的修复工具，可以一键智能地解决计算机故障。用户可以根据遇到的问题进行选择修复。计算机使用过久难免会出现一些小故障，如上不了网、没有声音、软件报错、乱弹广告等现象，为此 360 推出"电脑门诊"，汇集各种系统故障的解决方法，免费为广大网民提供便捷的维修服务。

电脑门诊内置在 360 安全卫士中，在查杀木马和系统修复页面均可找到，进入后只须找到遇到的问题，单击"立即优化"按钮，即可一键修复，如图 7-38 所示。

8. 软件管家

软件管家聚合了众多安全优质的软件，用户可以方便、安全的下载，如图 7-39 所示。用软件管家下载软件不必担心"被下载"的问题。如果下载的软件中带有插件，软件管家会进行提示。

从软件管家下载软件不必担心下载到木马病毒等恶意程序。同时，软件管家还为用户提供了"开机加速"和"卸载软件"的便捷入口。

图 7-38 "电脑门诊"界面

图 7-39 "软件管家"界面

9. 功能大全

功能大全为用户提供了多种实用工具，有针对性地帮助用户解决计算机的问题，提高计算机的速度，如图 7-40 所示。

图 7-40 "功能大全"界面

本 章 小 结

本章介绍了 3 种实用工具软件的主要功能和特色，掌握基本的应用方法，根据各工具软件的特点，选择使用可提高工作、学习、生活效率。

需要说明的是，工具软件的更新速度非常快，其操作界面也会经常发生变化，但其基本的操作方法是大同小异的。